어쩐지 미술에서
뇌과학이 보인다

어쩐지 미술에서 뇌과학이 보인다

환원주의의 매혹과 두 문화의 만남

Reductionism in Art and Brain Science

Eric R. Kandel

이한음 옮김

프시케의숲

에릭 캔델

컬럼비아대학교에서 문화들 사이에 다리를 놓을
환경을 조성해준 리 볼린저에게

차례

서문

    분자물리학자였다가 나중에 소설가가 된 스노(1905~1980)는 1959년 서양의 지식인 세계가 두 문화로 나뉘어 있다고 선언했다. 우주의 물리적 특성을 연구하는 '과학'과 인간 경험의 특성을 연구하는 '인문학'(문학과 예술)이있다. 양쪽 문화를 다 겪어본 스노는 이 분열이 서로의 방법론이나 목표를 이해하지 못해서 생긴 것이라고 결론지었다. 그는 인류의 지식을 발전시키고 인류 사회에 혜택을 주기 위해서는 과학자와 인문학자가 벌어져 있는 두 문화 사이에 다리를 놓을 방법을 찾아야 한다고 주장했다. 그가 케임브리지대학교의 유명한 로버트 리드 강연Robert Rede Lecture에서 이 견해를 제시한 이래로, 어떻게 하면 다리를 놓을 수 있을지를 놓고 상당한 논쟁이 벌어졌다.[1]

    이 책에서 나는 두 문화가 서로 만나서 영향을 미칠 수 있는 한 가지 공통점에 초점을 맞춤으로써 그 간격을 메울 방안을 조명하고자 한다. 그 두 문화란 바로 뇌과학과 현대미술이다. 뇌과학과 추상미술은 둘 다 직접적이고 인상적인 방식으로 인문학적 사고의 핵심을 이루는 질문과 목표를 다룬다. 그 과정에서 놀라운 수준까지 동일한 방법론을 채택한다.

화가가 인문학적인 측면에 관심을 갖는다는 것은 잘 알려져 있지만, 나는 뇌과학도 인간 존재의 가장 심오한 문제들에 답하려고 애쓴다는 점을 학습과 기억의 연구를 사례로 들어 보여주고자 한다. 기억은 우리의 세계 이해와 정체성 자각의 토대가 된다. 우리는 대체로 자신이 배우는 것과 기억하는 것에 힘입어서 개인으로서 존재할 수 있다. 세포와 분자 수준에서 기억의 토대를 이해한다면, 자아의 본성을 이해하는 쪽으로 한 걸음 더 나아가게 된다. 게다가 학습과 기억을 연구하는 이들은 우리가 학습을 하고, 배운 것을 기억하고, 세상과 상호작용을 할 때 그 기억(자신의 경험)을 활용하는 고도로 특수한 과정들이 뇌에서 진화해왔음을 밝혀냈다. 그런데 그 과정들은 우리가 미술 작품을 감상할 때 핵심적인 역할을 하는 것들이기도 하다.

예술 창작 과정을 흔히 인간 상상력의 순수한 표현이라고 묘사하곤 하지만, 나는 추상화가들도 과학자들이 쓰는 것과 비슷한 방법론을 써서 목표를 성취하곤 한다는 것을 보여주려 한다. 1940~1950년대 뉴욕학파의 추상표현주의 화가들은 그런 방법을 써서 경험의 한계를 탐사하고 시각미술의 정의 자체를 확장한 사례다.[2]

20세기까지 서양미술은 알아볼 수 있는 이미지를 친숙한 방식으로 사용함으로써 3차원 관점에서 세계를 그려왔다. 그러나 추상미술은 형태, 공간, 색깔 사이의 관계를 탐사하면서, 세계를 전혀 낯선 방식으로 보여주기 위해서 그 전통과 결별했다. 이 새로운 표현 방식은 미술을 말할 때 우리가 으레 예상하는 것들에 진지하게 도전장을 던졌다.

뉴욕학파의 화가들은 자신들의 목표를 달성하기 위해, 종종 탐구적이고 실험적인 접근법을 써서 그림을 그렸다. 그들은 이미지를 형태, 선, 색, 빛이라는 본질적인 요소로 환원함으로써 시각적 재현의 본질을 탐구했다. 나는 구상미술에서 추상미술로 옮겨가던 시기의 화가들에 초점을 맞추어서, 그들의 접근법과 과학자들이 쓰는 환원주의 사이의 유사점을 살펴보려 한다. 특히 초기 환원주의 화가인 피터르 몬드리안과 뉴욕화가 빌럼 데 쿠닝, 잭슨 폴록, 마크 로스코, 모리스 루이스의 작품을 살펴본다.

환원주의Reductionism라는 단어는 '되돌리다'라는 뜻의 라틴어 레두케레reducere에서 유래했는데, 그것이 반드시 범위를 더 한정하여 분석을 한다는 의미는 아니다. 과학적 환원주의는 종종 더 기초적·기계론적 수준에서 구성 요소 중 하나를 조사함으로써 복잡한 현상을 설명하려 한다. 의미를 개별적인 수준에서 이해함으로써 더 폭넓은 문제들을 탐사할 길을 닦는다. 이 각 수준들이 어떻게 서로 조직되고 통합되어 더 고차원적인 기능을 구축하는지를 알기 위한 방법이다. 따라서 과학적 환원주의는 강력한 감정을 환기시키는 하나의 선, 하나의 복잡한 장면, 하나의 미술 작품의 지각에 적용될 수 있다. 어떻게 노련한 몇 번의 붓질로 실제 사람보다 훨씬 더 압도적인 느낌을 주는 개인의 초상화가 그려질 수 있는지, 왜 특정한 색깔의 조합이 평온함, 불안, 고양 같은 감정을 환기시킬 수 있는지를 설명할 수도 있을 것이다.

화가들은 종종 환원주의를 다른 목적으로 삼는다. 화가들은 형체를 환원함으로써, 형태든 선이든 색깔이든 빛이든 간에 작품의 핵심 요소를 따로 떼어내어 우리에게 지각시킬 수 있다. 이 분리된 요소는 복잡한 이미지가 할 수 없는 방식으로 상상의 이런저런 측면들을 자극한다. 우리는 작품에서 예기치 않은 관계를 깨닫게 된다. 또 미술과 우리의 세계 지각 사이, 그리고 미술 작품과 기억된 자신의 인생 경험 사이에도 새로운 연결이 이루어진다. 더 나아가 환원주의적 접근은 보는 이에게서 미술 작품에 대한 영적인 반응까지도 이끌어낼 수 있다.

　내 핵심 전제는 비록 과학자와 화가의 환원주의적 접근법이 목적 측면에서 동일하지는 않지만(과학자는 복잡한 문제를 풀기 위해 환원주의를 사용하고, 화가는 감상자에게서 새로운 지각적·정서적 반응을 이끌어내기 위해 환원주의를 사용한다), 유사성이 있다는 것이다. 예를 들어 5장에서 논의하겠지만 터너는 화가 생활 초기에 먼 항구를 향해 가는 배가 바다 위에서 거친 자연의 힘에 맞서는 장면을 그렸다. 배가 폭풍우에 휩싸여 있는 광경이었다. 세월이 흐른 뒤 터너는 이 고군분투하는 장면을 다시 그렸는데, 이번에는 배와 폭풍우를 가장 근원적인 요소 형태로 환원시켰다. 그의 접근법에 힘입어서 감상자는 창의성을 발휘해 세부 사항들을 채울 수 있고, 그럼으로써 요동치는 배와 자연력의 싸움을 더욱 강렬하게 느낀다. 터너는 우리 시지각의 한계를 탐사했다(하지만 이는 시지각의 토대에 놓인 메커니즘을 설명하기 위해서가 아니라, 자신의 미술 작품에 더 온전하게 몰입시키기 위해서였다).

　환원주의가 생물학에서, 아니 뇌과학에서도 유일하게 생산적인 접근법은 아니다. 중요한, 때로 결정적인 깨달음은 서로 다른 접근법들을 결합해 얻는다. 컴퓨터 분석과 이론 분석을 결합함으로써 뇌과학에 일어난 발전들이 명백히 보여주듯이 말이다. 사실 뇌연구를 크게 발전시킨 것 중 하나는 1970년대에 일어난 과학적 종합이었다. 마음의 과학인 심리학과 뇌의 과학인 신경과학의 융합이었다. 이 통합으로 과학자들이 우리 자신에 관한 다양한 질문들을 폭넓게 다룰 수 있는, 생물학에 토대를 둔 새로운 마음의 과학이 출현했다. 우리는 어떻게 지각하고, 배우고, 기억할까? 감정, 공감, 의식의 특성은 무엇일까? 이 새로운 마음의 과학은 우리를 우리답게 만드는 것이 무엇인지를 더 깊이 이해하도록 해주겠다고 약속하는 한편, 뇌과학과 미술 같은 그 밖의 지식 분야들 사이에 의미 있는 대화가 가능해질 것이라고도 약속한다.

과학은 객관성을 더욱더 추구하기 위해, 그리고 사물의 특성을 더 정확히 기술하기 위해 노력한다. 미술의 지각을 감각 경험의 해석이라고 보고 연구함으로써, 과학적 분석은 원칙적으로 뇌가 미술 작품을 어떻게 지각하고 작품에 어떻게 반응하는지를 기술한다. 또한 이 경험이 어떤 식으로 우리 주변 세계의 일상적인 지각을 초월하는지도 말해줄 수 있다. 생물학 기반의 새로운 마음의 과학은 뇌과학과 미술, 그리고 다른 지식 분야들 사이에 다리를 놓음으로써 우리 자신을 더 깊이 이해하고자 열망한다. 이 노력이 성공한다면, 그것은 우리가 미술 작품에 어떻게 반응하는지, 더 나아가 작품을 어떻게 창작하는지 더 깊이 이해하도록 도와줄 것이다.

일부 학자들은 화가들이 쓰는 환원주의적 접근법에 초점을 맞추는 것이 미술에 대한 흥미를 약화시키고, 작품에 담긴 더 깊은 진리를 깨닫는 일을 하찮게 여기게 만들 것이라고 우려한다. 하지만 나는 정반대라고 생각한다. 화가들이 쓰는 환원주의적 접근법을 이해한다고 해서 결코 작품을 대할 때 일어나는 반응의 풍성함이나 복잡성이 줄어들지는 않는다. 사실, 이 책에서 내가 살펴볼 화가들은 바로 그런 접근법을 써서 미술 창작의 토대를 탐사하고 조명해왔다. 앙리 마티스가 다음과 같이 간파했듯이 말이다.

"생각과 형상을 단순화함으로써 우리는 흡족한 마음의 평화를 향해 더 다가간다. 기쁨을 표현할 방법을 찾기 위해 생각을 단순화하는 것, 우리가 하는 일은 오로지 그것뿐이다."

그림i.1 앙리 마티스, 〈포옹 No. 4〉, 1943~1944년.

1부

뉴욕학파에서
만난 두 문화

| 뉴욕 추상미술학파의 출현 |

제2차 세계대전이 끝난 뒤, 많은 화가들은 고민하기 시작했다. 세계사의 그토록 비극적인 시기를 겪고 난 지금, 미술이 과연 어떤 의미를 지닐 수 있을까? 홀로코스트의 공포를 겪었고, 전쟁터에서 수많은 목숨이 사라졌으며, 히로시마와 나가사키에 핵폭탄이 떨어졌다. 그렇게 변한 세상을 과연 어떤 시각 언어로 묘사할 수 있단 말인가? 미국의 많은 화가들은 지금까지 있었던 것과 확연히 다른 미술을 창조해야 한다는 압박감에 시달렸다. 이 시기의 위대한 화가 중 한 명인 바넷 뉴먼은 자신과 동료 화가들의 반응을 이렇게 썼다. "우리는 서유럽 미술의 도구였던 기억, 연상, 향수, 전설, 신화 등 우리가 지닌 모든 장애물로부터 해방되는 중이다."

미국 화가들은 유럽의 영향에서 벗어나려는 시도로서 '추상표현주의'를 창안했다. 국제적인 찬사를 얻은 최초의 미국 미술 운동이었다. 구상미술에서 추상미술로 옮겨가면서, 뉴욕학파의 화가들(특히

그림1.1 뉴욕 현대미술관의 외관, 1939년.

빌럼 데 쿠닝, 잭슨 폴록, 마크 로스코)과 그들의 동료 모리스 루이스는 환원주의적 접근법을 취하고 있었다. 즉, 대상이나 이미지를 풍성한 모습 그대로 묘사하기보다는 해체한 것이다. 그들은 하나 또는 기껏해야 몇 개의 구성 요소에 초점을 맞추고 그 구성 요소를 새로운 방식으로 탐구함으로써 풍성함을 찾으려 했다.

1940~1950년대에 이 뉴욕의 화가들은 활기차고 영향력 있는 지식인과 화랑 주인에게 둘러싸여 있었다. 화가 피터르 몬드리안, 마르셀 뒤샹, 막스 에른스트뿐 아니라 유럽의 수많은 정신분석가, 과학자, 의사, 작곡가, 음악가 들이 1930년대 말에서 1940년대 초에 유럽의 전쟁을 피해 뉴욕으로 왔다. 그들이 오기 얼마 전에 뉴욕 현대미술관MoMA(1929)과 구겐하임미술관(1939)이 문을 열었고, 페기 구겐하임

과 베티 파슨스 같은 부유하면서 선견지명이 있던 화랑 주인들이 등장한 상태였다. 이 미술관과 화랑, 이민자 화가 들은 뉴욕학파가 진정으로 미국적인 최초의 전위 미술학파임을 적극적으로 알리고 나섰다. 기본 정신, 포용력, 개인의 자유로운 표현 측면에서 그러했다.

그 결과 현대미술의 중심지가 파리에서 뉴욕으로 옮겨갔다.[1] 1900년에 파리가 미술 세계의 낙원이었듯이, 1940년대 말에는 뉴욕이 낙원이 되었다. 제2차 세계대전이 일어났을 때 유럽에서 피신한 선구적인 환원주의자 몬드리안은 사실상 미술 분야의 추상주의 선언이라고 할 글에서 이 '이동'을 언급했다.

"그 대도시에서 아름다움은 더 수학적 용어로 표현된다. 그것이 바로 그곳에서 새로운 양식이 출현할 수밖에 없는 이유다."[2]

현대미술사학자인 로저 립시는 1940년대의 이 시기를 "아메리칸 에피파니American epiphany"(에피파니란 신성한 존재가 모습을 드러낸다는 뜻 —옮긴이)라고 했다. 미술에 내재된 신성함이 발현된 시기라는 것이었다. 사실 데 쿠닝, 폴록, 로스코, 루이스는 자기 미술이 영적인 성격을 띠고 있다고 공개적으로 말하곤 했다.

마침 그 무렵에 뉴욕에서 활동하던 미술 비평 학파 덕분에, 이 현대미술 운동은 더욱 영향력을 미치게 되었다.《뉴요커》의 해럴드 로젠버그와《파티즌 리뷰》《네이션》의 클레먼트 그린버그(1909~1994)가 특히 큰 기여를 했다. 이 평론가들은 그 새로운 미술에 걸맞은 새로운 사고방식을 전개함으로써 호응했다. 그들은 그림의 공간, 색채, 구성 속에서 찾아낸 형상과 몸짓에 거의 전적으로 초점을 맞추어서 복잡하고 흡족한 비평을 펼쳤다.[3] 컬럼비아대학교의 미술사 교수 마이어 샤피로(1904~1996)도 그들처럼 뉴욕학파의 그림에 열광했다. 그는 당대의 가장 중요한 미술사학자이자, 미국 화가들의 새로운 접근 방식이 중요한 의미가 있음을 처음으로 간파한 인물이었다. 바넷 뉴먼이 지적했듯이, 샤피로는 최초로 해외에서 미국 회화를 옹호한 주요 학자였다.

로젠버그(1906~1978)는 1952년 《아트 뉴스》에 〈미국의 액션페인터〉라는 글을 발표해 두각을 나타냈다. 그는 미국의 미술이 새로운 방향으로 나아가고 있음을 알아차렸다. 그는 화가들이 더 이상 미술의 기법 문제로 고민하지 않고, 화폭을 "행위가 이루어지는 무대"로 삼는 쪽에 초점을 맞추고 있다고 썼다. "화폭에서 이루어진 것은 그림이 아니라 하나의 사건이었다." 로젠버그에 따르면, 예술작품의 형식적 특성은 중요하지 않았다. 중요한 것은 창작 행위였다.

"행위 추상gestural abstraction"을 최초로 일관성 있게 개괄한 이 글이 대단한 영향을 끼치면서, 로젠버그는 1950년대 초에 유력한 미술평론가로 부상했다. 비록 어느 한 화가를 구체적으로 언급한 것은 아니었지만, 그의 분석은 데 쿠닝과 폴록에게 특히 잘 들어맞았다. 로스코, 루이스, 케네스 놀런드 같은 색면화가들color-field painters에게는 훨씬 덜 들어맞았다.

하지만 궁극적으로 뉴욕학파의 열망을 명확한 이론으로 정립한 사람은 그린버그였다. 그는 데 쿠닝과 폴록뿐 아니라, 색면화가들도 인정하고 옹호했다. 전자는 초기에 추상화를 전위미술의 주류로 부상시키는 데 기여했고, 후자는 색채의 조합을 통해서 감상자에게 강력한 정서적·지각적 반응을 이끌어내는 데 초점을 맞추었다고 보았다.

그린버그는 모더니즘이 거의 전적으로 파리학파에 한정된 범주라고 여겼던 시대에, "아메리카 양식 회화American style painting"라고 이름 붙은 것에 담긴 새로운 방향을 거의 외골수적으로 옹호했다. 이로써 그는 더할 나위 없는 신망을 얻었다.[4]

그린버그는 로젠버그와 달리 폴록, 로스코, 뉴욕학파의 색면화가들이 역사적 전통과 단절된 것이 아니라고 보았다. 대신에 그는 그들의 작품이 클로드 모네, 카미유 피사로, 알프레드 시슬레로부터 시작되어 폴 세잔을 거쳐 분석적 입체파에 이르는 미술 전통의 정점에 놓인다고 인식했다. 이 진행 과정에서 회화는 세잔이 그 본질적 특성이라고 본 것, 바로 평면에 표식을 남기는 행위에 점점 더 초점을 맞추었다.[5] 1950년대 말과 1960년대에, 특히 1964년에 발표한 〈추상표현주의 이후〉라는 논문에서 그린버그는 점점 더 색면화가들을 강조했고, 그들이 기존 이젤 그림에 접근하는 더욱 급진적인 방식을 개발하고 있다고 보았다.

샤피로는 그린버그나 로젠버그와 달리, 특정 학파나 화가를 지칭하지는 않았다. 대신에 예술의 역사와 이론에 관한 풍부한 지식을 바탕으로 당대 미술 경관을 개괄했다. 그 결과 그는 당대 미술가들, 특히 데 쿠닝에게 지대한 영향을 미쳤다. 추상표현주의의 전성기인 1950~1960년대에 샤피로, 로젠버그, 그린버그는 미국의 미술을 알리는 데 주도적인 역할을 했다.

나중에 혁신적인 의도를 드러내긴 했지만, 뉴욕학파의 화가들은 원래 1930년대 구상미술에 뿌리를 두고 있었다. 그들은 모두 대공황기에 등장했고, 처음에는 사회적 리얼리즘과 지역주의 운동에 영향

그림1.2 연방 예술 프로젝트의 다양한 포스터들.

을 받은 양식으로 그림을 그리기 시작했다. 데 쿠닝, 폴록, 로스코, 루이스를 비롯하여, 그들 중 상당수는 1934~1943년에 운영된 '연방예술 프로젝트Federal Art Project'의 혜택을 입었다. 이 사업은 프랭클린 루스벨트 대통령이 펼친 뉴딜 정책(사람들에게 일거리를 줘 국가 경제를 대공황에서 벗어나게 한다는 정책)의 일부였다. 연방 예술 프로젝트는 짧은 기간 동안 공공사업에 투입시키는 형태로 많은 예술가들을 지원했다. 그 결과 화가들은 계속 상호작용을 하면서 서로에게 포괄적으로 영향을 미쳤다. 그들이 형성한 인맥은 과학자들 사이에 종종 형성되곤 하는 상호작용적이고 생산적인 사회관계망과 매우 흡사했다.

　뉴욕의 화가들은 서로에게 영향을 미쳤다. 그리고 환원주의적 접근법을 써서 다시 구상화로 돌아간 알렉스 캐츠와 앨리스 닐을 비롯한 후대의 화가들에게도 영향을 미쳤다. 또한 뉴욕학파의 화가들은 앤디 워홀과 재스퍼 존스에게, 따라서 팝아트의 탄생에도 영향을 미쳤다. 마지막으로, 환원을 거쳐 종합을 이루는 데 성공한 척 클로스에게도 영향을 미쳤다.

2부

뇌과학과 환원주의

2장
| 우리는 미술에 어떻게 반응하는가 |

20세기 후반기에 체계적인 뇌과학이 출현하기 전, 연구자들은 심리학과 막 이해하기 시작한 시지각visual perception을 토대로 인간의 마음이 어떻게 돌아가는지 연구했다. 인간의 본질적인 활동 중 하나도 탐구 주제였다. 바로 '예술작품을 어떻게 지각하고 창작하는가'였다.

여기서 흥미로운 질문이 제기되었다. 창의적이고 주관적인 경험인 미술의 여러 측면들을 객관적으로 연구할 수 있을까? 이 질문에 답하고, 추상미술이 이 질문과 어떻게 관련되어 있는지를 이해하려면, 먼저 마음이 구상미술(자연 세계와 훨씬 더 닮았다)에 어떻게 반응하는지에 관해 우리가 아는 것이 무엇인지를 알아보아야 한다.

감상자의 몫

우리는 구상미술에 어떻게 반응하는가. 이 질문을 처음 탐구한 이들은 빈 예술사학파의 알로이스 리글, 에른스트 크리스, 에른스트 곰브리치였다. 리글, 크리스, 곰브리치는 20세기에 들어설 무렵, 예술사를 심리학 원리에 토대를 둔 과학 분야로 정립하기 위해 노력하여 국제적인 명성을 얻었다.[1]

리글(1858~1905)은 명백하지만 지금까지 무시되어왔던 미술의 한 심리적 측면을 강조했다. 바로 미술이 보는 이의 지각적·정서적 참여 없이는 불완전하다는 것이다. 우리는 화폭에 담긴 2차원 구상 이미지를 시각 세계의 3차원 묘사로 전환하면서 화가와 협력한다. 그뿐 아니라 화폭에서 보는 것을 개인적인 관점에서 해석해 그림에 의미를 추가한다. 리글은 이 현상을 "감상자의 참여beholder's involvement"라고 했다. 리글의 연구로부터 이끌어낸 개념과 인지심리학, 시지각의 생물학, 정신분석 등에서 나오기 시작한 통찰들을 토대로, 크리스와 곰브리치는 이 개념을 더욱 발전시켰다. 곰브리치는 그것을 "감상자의 몫beholder's share"이라고 했다.

나중에 정신분석가가 된 크리스(1900~1957)는 시지각의 모호함을 연구하는 일부터 시작했다. 그는 모든 강력한 이미지는 화가가 살면서 겪는 경험과 갈등에서 생성되는 것이기에 본래 모호하다고 주장했다. 감상자는 자신의 경험과 갈등이라는 관점에서 이 모호함에 반응하며, 그럼으로써 그 이미지를 창조한 화가의 경험을 어느 정도 재현한다. 화가에게 창작 과정은 해석 과정이기도 하며, 감상자에게 해

그림2.1 알로이스 리글과 에른스트 크리스.

석 과정은 창작 과정이기도 하다.

감상자의 기여 범위가 이미지의 모호한 정도에 달려 있기 때문에, 알아볼 수 있는 형상을 가리키지 않는 추상미술 작품은 구상미술 작품보다 감상자의 상상을 더욱 요구한다고 주장할 수 있다. 아마 추상미술 작품이 일부 감상자에게는 어렵게 느껴지는 듯하면서도, 그런 작품 속에서 확장되고 초월적인 경험을 찾는 이들에게는 그만큼 보상을 하는 이유가 바로 이 요구 사항 때문일 것이다.

역광학 문제: 시지각의 본질적 한계

곰브리치(1909~2001)는 '그림의 모호성에 대한 감상자의 반응'이라는 크리스의 개념을 받아들여, 이것을 모든 시지각으로 확장했다. 이 과정에서 그는 뇌 기능의 한 가지 중요한 원리를 이해하게 되었다. 눈으로부터 받는 바깥 세계에 관한 불완전한 정보를 취해서 우리 뇌가 그것을 완성한다는 것이었다.

4장에서 설명하겠지만, 망막에 비치는 이미지는 먼저 선과 윤곽을 기술하는 전기 신호로 해체되어서 얼굴이나 대상의 윤곽을 만들어 낸다. 이 신호들은 뇌로 전달되어 재편되고, 조직화에 관여하는 게슈탈트 규칙(뇌는 먼저 지각 대상을 세부적으로 파악한 뒤에 전체를 구성하는 것이 아니라, 형상, 배경, 유사성, 연속성 등 일정한 규칙에 따라 전체적인 관점에서 파악하는 경향이 있다. 이를 게슈탈트 원리라고 한다 ─ 옮긴이)과 사전 경험을 토대로 재구성되고 정교해진다. 그리하여 우리가 지각하는 이미지가 되는 것이다. 놀랍게도 우리 각자는 남들에게 보이는 이미지와 놀라울 만치 비슷한, 풍부하면서도 의미 있는 바깥 세계의 심상을 창조할 수 있다. 이 시각 세계의 내면 표상을 재구성하는 과정 속에서 우리는 뇌의 창작 과정이 작동하는 것을 본다. 런던 유니버시티 칼리지의 웰컴 신경영상 센터에 있는 인지심리학자 크리스 프리스는 이렇게 말한다.

> 내가 지각하는 것은 바깥 세계로부터 내 눈과 귀와 손가락에 와닿는 엉성하면서 모호한 단서들이 아니다. 나는 훨씬 풍부한 것을 지각한다. 이 모든 엉성한 신호들을 풍부한 과거 경험들과 결합한 영상이다. (…) 우리의 세계 지각이란 현실에 부합되는 환상이다.[2]

눈의 망막에 투영되는 이미지는 무수한 해석이 가능하다. 영국계

아일랜드인 철학자이자 클로인의 주교인 조지 버클리는 일찍이 1709년에 이 시각의 핵심 문제를 간파했다. 그는 우리가 물질적 대상을 보는 것이 아니라, 거기에서 반사된 빛을 보는 것이라고 썼다.[3] 그 결과 우리 망막에 투영된 2차원 이미지는 대상의 3차원 구조를 하나하나 모두 직접 가리킬 수가 없다. 우리가 이미지를 어떻게 지각하는지를 이해하고자 할 때, 이 사실이 난제로 대두된다. 이를 '역광학 문제inverse optics problem'라고 한다.[4]

역광학 문제는 망막에 투영된 한 이미지가 각기 다른 크기, 각기 다른 물리적 방향, 관찰자로부터 각기 다른 거리에 놓여 있는 대상들을 통해 생성될 수 있기 때문에 나타난다. 예를 들어 선물 가게에서 산 에펠탑 모형은 눈 가까이 갖다 대면 마르스광장 너머로 보이는 실제 에펠탑과 모양과 크기가 똑같아 보일 수 있다. 따라서 우리가 지각하는 어떤 3차원 대상의 실제 원천이 무엇인지는 본질적으로 불확실하다. 곰브리치는 이 문제를 제대로 이해했고 "우리가 보는 세계는 여러 해에 걸친 실험을 통해 우리 각자가 서서히 지은 구성물이다"라는 버클리의 견해를 인용했다.[5]

우리 뇌는 대상을 정확히 재구성할 충분한 정보를 받지 못할지라도 줄곧 재구성을 하고 있다. 게다가 개인들이 저마다 재구성한 이미지는 놀라울 만치 서로 비슷하다. 어떻게 그럴 수 있을까? 19세기의 저명한 의사이자 물리학자인 헤르만 폰 헬름홀츠는 우리가 두 가지 정보를 추가함으로써 역광학 문제를 해결한다고 주장했다. 바로 상향 정보와 하향 정보다.[6]

상향 정보bottom-up information는 우리 뇌의 회로에서 이루어지는 계산 활동을 통해 제공된다. 이 계산은 생물학적 진화를 통해 대체로 태어날 때에 이미 뇌에 새겨져 있는 보편 규칙을 통해 이루어진다. 뇌는 이런 계산을 통해서 물리적 세계의 이미지에서 윤곽, 경계, 선의 교차와 접점 같은 핵심 요소들을 추출할 수 있다. 시각 연구자인 에드워드 애덜슨과 데일 퍼브스는 역광학 문제를 재검토하면서, 우리 시각계가 주로 그 근본 문제를 해결하기 위해 진화해온 것이 틀림없다고 결론지었다.[7] 우리는 대상, 사람, 얼굴을 식별하기 위해 이 규칙들을 쓴다. 공간에서의 위치를 확인하고(원근법), 모호함을 줄이고, 궁극적으로 대단한 미묘함, 아름다움, 현실적 가치를 지닌 시각 세계를 구성하기 위해서다. 그 결과 각자의 시각계는 환경에서 거의 동일한 핵심 정보를 추출한다. 정보가 불완전하고 모호할 수 있음에도, 어린아이조차 이미지를 아주 정확히 해석할 수 있는 이유가 바로 이 때문이다. 또 아기가 아주 일찍부터 사람의 얼굴을 알아볼 수 있는 것도 이 때문이다.

이 타고난 규칙 중 상당수는 우리가 당연시하는 것들이다. 예를 들어 뇌는 우리가 어디에 있든 간에, 태양이 언제나 머리 위에 있다는 것을 깨닫는다. 따라서 우리는 빛이 위에서 온다고 예상한다. 만약 위에서 오지 않는다면, 뇌는 착시 사례에서처럼 속을 수 있다.

미술심리학자 로버트 솔소가 썼듯이, 상향 지각은 단순히 생득적인 지각의 문제다.

사람들에게는 어떤 선천적인 보는 방식이 있으며, 그런 방식을 통해서 미술을 포함한 시각 자극은 처음부터 조직되고 지각된다. 근원적

으로 따지자면, 생득적 지각은 감각-인지 체계에 '회로로 아로새겨져' 있다.[8]

상향 정보 처리는 대체로 낮은 수준과 중간 수준의 시각에 의존한다.[9] 뒤에서 살펴보겠지만, 추상미술은 타고난 지각 규칙들을 뒤엎고, 구상미술보다 하향 정보에 더 폭넓게 의존한다.

하향 정보top-down information는 인지적 영향과 주의, 심상, 기대, 학습된 시각 연상 같은 더 고차원적인 정신 기능을 가리킨다. 우리가 감각을 통해 받는 모든 당혹스러운 정보를 상향 처리가 다 해결할 수 없기 때문에, 뇌는 나머지 모호한 것들을 해결하기 위해 하향 처리를 동원해야 한다. 우리는 경험을 토대로, 우리 앞에 있는 이미지의 의미를 추측해야 한다. 뇌는 가설을 구축하고 검증함으로써 그렇게 한다. 하향 정보는 이미지를 개인의 심리라는 맥락에 놓으며, 그럼으로써 이미지는 사람마다 다른 의미를 지니게 된다.[10]

하향 처리는 우리가 시각 경관 중에서 무의식적으로 무관하다고 여기는 구성 요소들을 억누른다는 점에서도 중요하다. 우리가 한 이미지를 지각하는 과정은 순차적으로 이루어진다. 우리는 주의attention 초점을 끊임없이 옮기면서, 그 장면 중에서 관련이 있는 구성 요소들은 연결하고 관련이 없는 구성 요소들은 억제해야 한다. 따라서 크리스가 말한 '감상자의 몫'이라는 창의성은 대체로 하향 처리로부터 나온다.

지각이란, 뇌가 외부 세계로부터 받는 정보를 이전의 경험과 가설 검증을 통해 배운 지식과 통합하는 과정이다. 우리는 이 지식(반드시

뇌의 발달 프로그램에 새겨져 있는 것은 아니다)을 우리가 보는 모든 이미지에 갖다 붙인다. 따라서 추상미술 작품을 볼 때, 우리는 작품을 물리적 세계에서 평생에 걸쳐 경험한 것들과 연관짓는다. 우리가 지금까지 보고 알게 된 사람들, 우리가 살아온 환경뿐 아니라, 지금까지 마주쳤던 다른 모든 미술 작품에 대한 기억과도 연결한다.

프리스는 시지각의 특성에 관한 헬름홀츠의 통찰을 이렇게 요약한다.

우리는 물리적 세계에 직접 접근하는 것이 아니다. 마치 직접 접근하는 듯이 느껴질지 모르지만, 그것은 사실 뇌가 일으키는 환영이다.[11]

어떤 의미에서는 화폭에 그림으로 표현된 것이 무엇인지 보려면, 먼저 그림에서 어떤 종류의 이미지를 보게 될지를 미리 예상할 수 있어야 한다. 우리는 자연 환경뿐 아니라 수세기에 걸쳐 풍경화에도 익숙해져왔기에, 빈센트 반 고흐의 붓질에 담긴 밀밭이나 조르주 쇠라의 점들로 찍힌 잔디밭을 거의 즉시 알아볼 수 있다. 이런 면에서 화가가 물리적·심리적 현실을 그림에 담는 과정은 우리 뇌가 일상생활에서 펼치는 본질적으로 창의적인 활동들과 서로 통한다.

| 시지각이라는 마법 |

뇌과학이 '감상자의 몫'에 관해 무엇을 말해줄 수 있는지, 즉 우리가 미술 작품에 어떻게 반응하는지를 이해하려면, 먼저 뇌가 어떻게 우리 시각 경험을 생성하는지를 알아야 한다. 그리고 처리를 거쳐 상향 시각이 뇌는 삼사 신호가 기억 빛 감정과 관련된 뇌 체계들과 하향 처리를 통해서 어떻게 변형되는지를 이해할 필요가 있다. 먼저 상향 처리 과정을 살펴보자.

독자는 아마 자신이 세계를 있는 그대로 보고 있다고 자신할지 모르겠다. 눈을 통해 정확한 정보를 얻고, 그래서 현실에 기반을 둔 행동을 할 수 있다고 말이다. 그러나 우리 눈이 행동하는 데 필요한 정보를 제공하는 것은 맞지만, 눈은 완성품을 뇌에 제공하는 것이 아니다. 망막의 2차원 이미지로부터 세계의 3차원 구조에 관한 정보를 능동적으로 추출하는 일은 뇌가 한다. 우리가 불완전한 정보를 토대로 대상을 지각할 수 있는 것은 거의 마법을 부린다고 할 수 있을 만치 경이로운 뇌의 이 능력 덕분이다. 우리는 어떤 대상이 전혀 다른 조명과 맥락에 놓여도 동일한 대상임을 알 수 있다.

뇌는 어떻게 그런 일을 할 수 있을까? 뇌의 구성 원칙 중 하나는 모든 정신 과정이 뇌의 개별 영역에 체계적이고 계층적으로 배치된 전담 신경 회로들을 통해 이루어진다는 것이다. 지각이든 감정이든 운동이든 다 마찬가지다. 하지만 뇌의 각 구조는 개념상 조직화의 각 수준별로 분리하여 생각할 수 있다고 해도, 물리적으로는 분리될 수 없다. 해부학적으로나 기능적으로 서로 연관되어 있기 때문이다.

'무엇경로'와 '어디경로'

시각계는 '감상자의 몫'에서 핵심적인 역할을 한다. 시각계는 어떻게 짜여 있을까? 이를테면 초상화의 얼굴을 볼 때 시각계의 어떤 조직화 수준들이 작동하는 것일까?

영장류(특히 인간)의 대뇌 피질, 즉 주름이 심하게 져 있는 뇌 바깥층은 대개 고등한 인지와 의식에 가장 중요한 영역이라고 여겨진다. 대뇌 피질은 뒤통수엽(후두엽), 관자엽(측두엽), 마루엽(두정엽), 이마엽(전두엽)이라는 네 영역으로 나뉜다. 뒤통수엽은 뇌 뒤쪽에 있으며, 눈에서 뇌로 시각 정보가 들어오는 지점이다. 관자엽은 얼굴에 관한 시각 정보가 처리되는 곳이다.

시각이란, 시각 세계에 무엇이 어디에 제시되어 있는지를 이미지로부터 발견하는 과정이다. 이는 뇌가 두 가닥의 병렬 처리 흐름을 지닌다는 뜻이다. 한쪽은 해당 이미지가 무엇인지를 다루고, 다른 한쪽은 그 이미지가 세계의 어디에 있는지를 담당한다. 대뇌 피질의 이 두 병렬 처리 흐름은 '무엇경로what pathway'와 '어디경로where pathway'라고 불린다. 둘 다 눈 안쪽에 있는, 빛에 민감한 세포층인 망막에서 시작된다.

시각 정보는 반사된 빛에서 시작된다. 사람이나 초상화의 얼굴에서 반사된 빛을 비롯한 빛의 파장은 눈의 수정체를 지나면서 굴절되어 망막에 투사된다. 그렇게 하여 생긴 망막 이미지는 본질적으로 시간과 공간에 걸쳐서 빛의 세기와 파장이 변화하면서 일으키는 빛의 패턴이다.[1]

망막세포는 두 종류로 나뉜다. 막대세포(간상세포)와 원뿔세포(원추세포)다. 막대세포는 빛의 세기에 아주 민감하며, 흑백을 감지하는 데 쓰인다. 반면에 원뿔세포는 빛에 덜 민감한 대신에, 색깔에 관한 정보를 전달한다. 원뿔세포는 세 종류가 있으며, 각각 다른 파장의 빛에 반응하지만 범위가 어느 정도 겹친다. 각각의 파장은 가시 스펙트럼visible spectrum의 각 색깔을 나타낸다. 원뿔세포는 망막의 중심부인 중심오목fovea이라는 곳에 주로 몰려 있으며, 그곳이 가장 세밀하게 볼 수 있는 부위다. 반면에 흑백만을 보는 막대세포는 망막의 가장자리에 더 많이 배치되어 있다.

망막은 시각 정보를 가쪽무릎핵으로 보낸다. 가쪽무릎핵은 뇌 깊숙한 곳에 자리한 시상thalamus이라는 영역에 들어 있는 세포 집단으로서, 정보를 1차 시각 피질(줄무늬 피질, V1이라고도 한다)로 보내는 일을 한다. 1차 시각 피질은 뇌 뒤쪽의 뒤통수엽에 있으며, 시각 정보가 뇌

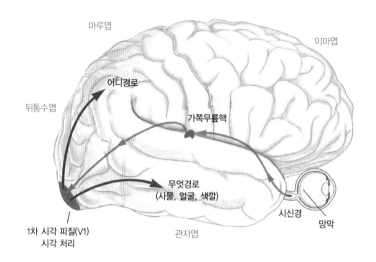

마루엽

이마엽

어디경로

뒤통수엽

가쪽무릎핵

무엇경로
(사물, 얼굴, 색깔)

1차 시각 피질(V1)
시각 처리

관자엽

시신경

망막

그림3.1 시각계. 정보는 망막에서부터 시신경을 통해 가쪽무릎핵으로 전달된다. 가쪽무릎핵은 정보를 1차 시각 피질로 보내고, 1차 시각 피질은 두 주요 경로로 정보를 전달한다. 사물이나 사람이 어디에 있는지를 담당하는 '어디경로'와 사물이 무엇이고 사람이 누구인지를 파악하는 '무엇경로'다.

로 들어오는 곳이다. 시각 처리 연구의 선구자인 런던 유니버시티 칼리지의 세미르 제키는 이렇게 말한다.

V1은 한마디로 우체국과 비슷한 역할을 한다. 각기 다른 신호들을 서로 다른 목적지로 보낸다. 이 과정은 시각 세계로부터 핵심 정보를 추출하도록 설계된 정교한 기구의 필수적인 첫 번째 단계다.[2]

1차 시각 피질에 도달하는 시각 정보는 비교적 단순하며 대상들이 무엇이고 어디에 있는지에 관한 정보가 가볍게 처리되어 있는 상태다. '대상이 무엇인가'라는 정보가 '어디에 있는가'라는 정보와 분리될 수 있다고 상상하기가 어렵겠지만, 다음 단계에서는 바로 그런 일이 일어난다. 1차 시각 피질을 떠나는 정보는 두 가닥의 경로로 갈라진다.

'무엇경로'는 1차 시각 피질인 V1 영역에서 뇌의 바닥 근처에 있는 V2, V3, V4라는 상상력이라고는 전혀 없는 이름이 붙은 영역들을 거쳐서 아래관자엽으로 뻗어 있다. 아래관자엽에서 얼굴 처리가 일어난다. 뇌의 아래쪽에서 일어나기 때문에 아래경로inferior pathway라고도 하는 이 정보 처리 흐름은 사물이나 얼굴의 특징을 담당한다. 모양, 색깔, 정체, 움직임, 기능 같은 것들이다. 무엇경로는 초상화법이라는 맥락에서 특히 관심 대상이다. 형상에 관한 정보를 전달할 뿐 아니라, 해마와 직접 연결되는 유일한 시각 경로이기 때문이다. 해마는 사람, 장소, 사물의 명시적 기억을 담당하며, 감상자의 뇌가 하향 처리를 할 때 동원되는 뇌 부위다.

'어디경로'는 1차 시각 피질에서 뇌의 꼭대기 가까운 곳까지 뻗어 있다. 위경로superior pathway라고도 하는 이 경로는 운동, 깊이, 공간 정보를 처리하여 대상이 바깥 세계의 어디에 있는지를 파악하는 일을 한다.

두 경로의 분리가 절대적인 것은 아니다. 대상의 어디정보와 무엇정보를 결합해야 할 때가 종종 있기 때문이다. 그래서 도중에 두 경로 사이에 정보가 교환될 수 있다. 하지만 이 분리는 꽤 뚜렷하며, 물리적 세계나 단순한 사진에서는 결코 일어날 수 없는 일이기도 하다. 바깥 세계나 사진 속의 대상은 반드시 무엇인 동시에 어딘가에 있다. 그런데 앞으로 알게 되겠지만, 미술은 '분리할 수 없을 듯한 정보가 사실상 우리 뇌에서 분리된다'는 사실을 이용해 종종 성공을 거두곤 한다.

어디경로와 함께, 무엇경로는 세 종류의 시각 처리를 수행한다. 낮은 수준의 처리는 망막에서 이루어지며, 이미지의 검출을 담당한다. 중간 수준의 처리는 1차 시각 피질에서 시작된다. 시각 장면은 수천 개의 단편적인 선과 표면으로 이루어진다. 중간 수준의 시각은 어느 표면과 경계가 특정한 대상에 속한 것인지, 배경에 속한 것인지를 식별한다. 이 낮은 수준과 중간 수준의 시각 처리를 통해서 이미지의 어느 영역이 특정한 대상과 관련되어 있는지, 그렇지 않은 배경은 어디인지를 파악한다. 중간 수준의 처리는 윤곽 통합도 담당한다. 즉 특징들을 묶어서 개별 대상을 구성하는 일을 한다. 이 두 종류의 시각 처리는 '감상자의 몫' 중 상향 처리에 중요하다.

높은 수준의 시각 처리는 뇌의 여러 영역에서 오는 정보들을 통합하여 우리가 본 것이 무엇인지를 이해하는 과정이다. 일단 이 정보가 무엇경로의 최고 수준에 도달하면, 하향 처리가 일어난다. 즉 뇌가 주의, 학습, 기억(앞서 우리가 보고 이해했던 모든 것) 같은 인지 과정들을 써서 그 정보를 해석하는 것이다. 초상화를 예로 들면, 이 처리 과정을 통해서 얼굴을 의식적으로 지각하게 되고 누구를 묘사한 것인지를 알아차리게 된다.[3] 어디경로의 정보도 거의 같은 식으로 처리된다. 따라서 우리 시각계의 무엇경로와 어디경로는 병렬 처리 지각계로도 작동한다.

뇌에서 시각 경로가 둘로 나뉜다는 것은 나중에 신경 통합이라는 결합이 이루어져야 함을 뜻한다. 뇌는 이 병렬 처리 흐름들이 제공하는 특정한 대상에 관한 정보를 어떻게 결합할까? 앤 트라이스먼은 이 결합을 이루려면 대상에 주의를 집중해야 한다는 것을 발견했다.[4] 그 연구에 따르면, 시지각은 무엇경로와 어디경로 외에 추가로 두 과정을 수반하는 듯하다. 하나는 전주의 과정preattentive process으로서, 대상의 검출만을 담당한다. 이 상향 과정이 일어날 때 감상자는 대상의 전체적인 특징(모양, 질감 등)을 빠르게 훑어서, 이미지의 모든 유용한 기초 속성들을 한꺼번에 시각 신호로 바꾼다. 이때 형상과 배경을 구분해주는 색깔, 크기, 방향 같은 것들에 초점을 맞춘다. 그런 뒤 주의 과정attentive process이 따라온다. 주의라는 하향 탐조등을 비추어서, 뇌의 더 고등한 중추들이 다음과 같이 추론할 수 있게 해준다. '이 몇 가지 특징들은 한곳에 몰려 있으므로 하나로 결합되어 있는 것이 틀림없다.'[5]

따라서 무엇경로를 통해 전달되는 정보가 일단 뇌의 고등한 영역에 도달하면, 그 정보는 재평가된다. 이 하향 재평가는 네 가지 원리에 따라 작동한다.

- 해당 맥락과 무관한 행동이라고 지각된 세부 사항들은 무시한다.
- 항구성을 띠는 것을 찾는다.
- 사물, 사람, 풍경의 본질적이고 변하지 않는 특징들을 추출하려 시도한다.
- (이 점이 특히 중요한데) 현재 이미지를 과거에 접한 이미지들과 비교한다.

이런 생물학적 발견들은 크리스와 곰브리치의 추론이 옳았음을 확인해준다. 즉, 시지각은 세상을 보여주는 단순한 유리창이 아니라 사실상 뇌의 창조물이다.

얼굴을 알아본다는 것

시각계의 기능이 분리되어 있다는 사실은 뇌 손상 환자들에게서 뚜렷이 드러난다. 시각계의 어느 영역이 손상을 입으면, 영향이 아주 구체적으로 나타난다. 아래관자엽의 안쪽이 손상되면 얼굴을 알아보는 능력을 잃는다. 이런 상태를 얼굴맹face blindness 또는 얼굴인식불능증prosopagnosia이라고 한다. 1946년 신경학자 요아힘 보다머가 처음 발견했다. 아래관자엽의 앞쪽이 손상되면 얼굴을 얼굴이라고 알아볼 수는 있지만, 누구의 얼굴인지는 구별할 수 없게 된다. 아래관자엽의 뒤쪽이 손상된 사람은 얼굴을 아예 알아보지 못한다. 올리버 색스가 소개한 '아내를 모자로 착각한 남자'는 유명한 이야기다. 이 얼굴맹인 사람은 아내의 머리를 자신의 모자로 착각한 나머지, 머리를 잡아서 자기 머리에 쓰려고 했다고 한다.[6] 심하지 않은 형태의 얼굴맹은 드물지 않다. 인구의 약 10퍼센트는 선천적으로 그렇다.

보다머의 발견은 중요했다. 앞서 찰스 다윈이 '얼굴 인식은 우리가 사회적 존재로 살아가는 데 핵심적인 역할을 한다'고 역설한 바 있기 때문이다. 《인간과 동물의 감정 표현》(1872)에서 다윈은 우리가 더 단순한 동물 조상으로부터 진화한 생물이라고 주장한다. 진화는 성

선택sexual selection을 통해 이루어지므로, 성은 인간 행동의 핵심에 놓인다. 성적 매력의 열쇠(그리고 사실상 모든 사회적 상호작용의 열쇠)는 얼굴 표정이다. 우리는 얼굴을 통해 서로를 알아보며, 자기 자신에 대해서도 그러하다.

우리는 사회적 동물이기에 자신의 생각과 계획뿐 아니라, 감정도 서로 나눌 필요가 있다. 이때 얼굴을 통해서 그렇게 한다. 우리는 대체로 한정된 수의 얼굴 표정을 통해 감정을 전달한다. 유혹적으로 웃음을 머금어서 사람을 끌어들일 수도 있고, 위협적으로 보임으로써 사람을 멀리할 수도 있다.

모든 얼굴이 코 하나, 눈 둘, 입 하나라는 동일한 수의 특징들을 지니므로, 얼굴을 통해 전달되는 감정 신호의 감각적·운동적 측면들은 개별 문화로부터 독립된 보편적인 것이 분명하다. 다윈은 얼굴 표정을 짓는 능력과 남의 얼굴 표정을 읽는 능력이 둘 다 타고난 것이지, 학습되는 것이 아니라고 주장했다. 여러 해가 지난 뒤, 인지심리학 분야에서 이루어진 실험들은 얼굴 인식이 아기 때부터 시작된다는 것을 밝혀냈다.

얼굴을 그토록 특별하게 만드는 것이 무엇일까? 성능이 아주 뛰어난 컴퓨터조차도 얼굴을 인식하기가 쉽지 않다. 하지만 생후 2~3년 된 아이는 최대 2,000개까지의 얼굴을 구별하는 법을 쉽게 배울 수 있다. 게다가 우리는 단순한 선으로 그린 그림을 보고 나서 그것이 렘브란트의 자화상임을 쉽게 알아볼 수 있다. 다음의 선화에서 약간 과장된 부분은 사실상 대상을 알아보는 데 도움을 준다. 이런 관찰 결과는 또 다른 의문을 불러일으킨다. 우리 뇌의 무엇이 얼굴을 그토록 쉽

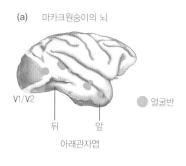

(a) 마카크원숭이의 뇌

V1/V2

● 얼굴반

뒤 앞

아래관자엽

(b)

(c)

그림3.2 (a) 인간이 아닌 영장류의 뇌에서 얼굴에 반응하는 영역들.
(b) 렘브란트의 자화상. (c) 단순한 선화로 나타낸 렘브란트 자화상.

게 알아볼 수 있게 하는 것일까?

우리 뇌는 다른 어떤 대상보다도 얼굴에 더 많은 계산 능력과 더 많은 상향 처리를 투입한다. 프린스턴의 찰스 그로스, 이어서 하버드의 마거릿 리빙스톤, 도리스 차오, 빈리히 프라이발트는 보다머의 발견을 몇 단계 더 끌고나갔고, 그럼으로써 뇌의 얼굴 분석 기구에 관한 여러 가지 중요한 발견을 해왔다.[7] 이들은 뇌 영상과 개별 세포의 전기 신호 전달에 관한 측정 자료를 조합해, 마카크원숭이의 관자엽에 얼굴에 반응하는 작은 부위가 여섯 곳 있다는 것을 알아냈다(그림3.2a). 연구진은 이 영역에 얼굴반face patch이라는 이름을 붙였다. 그들은 사람의 뇌에도 비록 좀더 작긴 하지만 비슷한 얼굴반 집합이 있다는 것도 발견했다.

얼굴반 세포의 전기 신호를 조사하니, 각 얼굴반이 저마다 얼굴의 서로 다른 측면들에 반응한다는 것이 드러났다(정면에서 본 얼굴, 옆에서 본 얼굴 등). 또 이 세포들은 얼굴의 자세, 크기, 응시 방향의 변화뿐 아니라, 얼굴 각 부위의 모양에도 민감하다. 게다가 얼굴반들은 서로 연결되어 있고, 얼굴에 관한 정보의 처리 흐름을 일으킨다.

그림3.3은 원숭이의 얼굴반에 있는 한 세포가 다양한 이미지에 반응하는 양상을 보여준다. 그리 놀랍지 않겠지만, 원숭이에게 다른 원숭이의 사진을 보여줄 때 해당 세포는 아주 잘 반응한다(a). 그런데 만화로 그린 얼굴에는 더욱 강하게 반응한다(b). 이는 만화에서는 특징이 과장되어 있기 때문에, 사람처럼 원숭이도 실제 대상보다 만화에 더 강하게 반응함을 시사한다. 이런 과장된 반응은 내재된 상향 처리 기구를 통해 매개된다. 이 상향 처리에 하향 처리가 추가됨으로써 우리는 특정한 얼굴을 특정한 개인이나 전에 본 얼굴과 연관짓게 된다. 이 과정은 8장에서 더 자세히 살펴보기로 하자.

원숭이의 얼굴반에 있는 세포는 각각의 개별적인 특징들이 아니라, 얼굴의 전체 형태, 즉 게슈탈트에 반응한다. 즉 어떤 반응을 이끌어내려면 얼굴이 완성된 상태여야 한다. 원 안에 눈만 두 개 그린 그림을 보여주면, 원숭이는 전혀 반응하지 않는다(c). 입만 그리고 눈을 그려넣지 않을 때에도 전혀 반응하지 않는다(d). 두 눈과 입(코는 필수

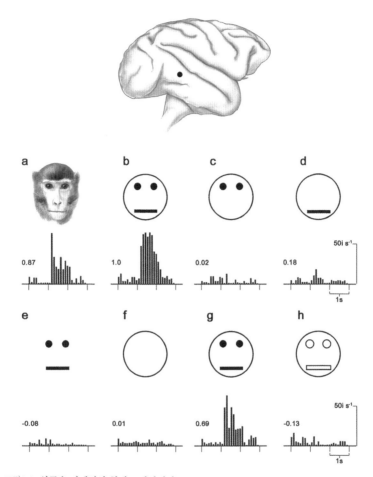

그림3.3 얼굴은 전체적인 형태로 파악된다.

위 얼굴 인식 세포의 위치와 기록 지점.

아래(a~h) 막대의 높이는 활동 전위의 발화율이다. 다양한 유형의 얼굴 자극에 세포들이 얼마나 강하게 반응하는지를 나타낸다.

적이지 않다)을 사각형 안에 그려넣을 때에도 반응하지 않는다(e). 원만 보여줄 때에도 반응하지 않는다(f). 이 세포는 원 안에 두 눈과 입을 그려넣어야만 반응한다(g). 원과 입의 윤곽만 그렸을 때에도 반응하지 않는다(h). 게다가 얼굴을 뒤집힌 형태로 보여주었을 때에도 반응하지 않는다.

시각의 컴퓨터 모형들에 따르면, 몇몇 얼굴 특징들은 대비를 통해 정의되는 듯하다.[8] 예를 들어 눈은 조명 상태에 상관없이 이마보다 더 짙은 색을 띠는 경향이 있다. 더 나아가 그런 대비를 통해 정의되는 특징들이 뇌에 얼굴이 있다는 신호를 보내는 듯하다. 정말로 그런지 검증하기 위해 오하윤, 프라이발트, 차오는 원숭이에게 인위적으로 만든 다양한 얼굴을 보여줬다.[9] 짙은 색부터 밝은 색까지 얼굴 특징들의 밝기를 다르게 한 얼굴들이었다. 그러면서 원숭이의 중앙 얼굴반에 있는 각 세포들이 인공 얼굴에 반응하여 활성을 띠는 양상을 기록했다. 그러자 세포들이 얼굴 특징들 사이의 대비에 반응한다는 것이 드러났다. 더군다나 그 세포들은 대부분 일부 특징들을 쌍쌍이 짝지어서, 그 대비되는 정도에 맞추어 반응했다. 가장 흔한 사례가 눈을 더 밝은 색의 코와 짝짓는 것이었다.

이런 선호 양상은 컴퓨터 모형이 예측한 결과에 들어맞는다. 하지만 원숭이와 컴퓨터 모형 연구로부터 나온 결과들은 모두 인공 얼굴을 토대로 한 것이므로, 실제 얼굴에까지 확대 적용될까 하는 의문이 당연히 제기된다. 오하윤 연구진은 이 질문에 답하기 위해, 실제 얼굴을 찍은 다양한 사진에 세포들이 어떻게 반응하는지를 연구했다. 세포들은 대비되는 특징의 수가 늘어남에 따라 반응이 커지는 것으로

드러났다. 특히 대비되는 특징을 단 네 개만 지닌 실제 얼굴 사진을 보여주었을 때에는, 얼굴임을 인식하기는 해도 반응하지는 않았다. 하지만 대비되는 특징을 여덟 개 이상 지닌 얼굴에는 잘 반응했다.

그보다 앞서 차오와 프라이발트 연구진은 이런 얼굴반에 있는 세포들이 코와 눈 같은 몇몇 얼굴 특징들의 모양에 선택적으로 반응한다는 것을 발견한 바 있었다.[10] 그리고 오하윤은 얼굴에 있는 특징들 사이의 상대적인 밝기에 따라서 뇌가 그 특징들에 반응하는 정도가 달라진다는 것을 보여주었다. 이것이 여성이 얼굴 특징들을 더 두드러지게 하는 쪽으로 화장을 하는 이유 중 하나일 수도 있다. 중요한 점은 중앙 얼굴반에 있는 세포들이 대부분 얼굴 특징들의 대비와 모양 양쪽에 반응한다는 것이다. 이 사실로부터 한 가지 중요한 결론이 나온다. 대비는 얼굴 검출에 유용하며, 모양은 얼굴 인식에 유용하다는 것이다.

이런 연구들은 뇌가 얼굴을 검출하는 데 쓰는 주형들의 특성을 새로운 관점에서 보게 해준다. 행동 연구들은 뇌의 얼굴 검출 기구와 주의를 통제하는 영역 사이에 강력한 연결 고리가 있음을 시사한다. 그것이 바로 얼굴과 초상화가 그토록 우리의 주의를 끄는 이유를 설명해줄지도 모른다. 또한 그것은 쇤베르크의 구상 초상화(그림5.8)를 볼 때의 반응과 그의 더 추상적인 초상화(그림5.9~5.11)를 볼 때의 반응이 그토록 다른 이유도 설명해준다. 구상 초상화는 얼굴 세포들을 활성화하는 많은 세부 사항들을 제공하는 반면, 추상 초상화는 얼굴 세포를 활성화하지 않아 더 많은 것을 상상에 맡기기 때문이다.

얼굴을 인식할 때 일어나는 것과 같은 다단계 처리 흐름은 시각의 일반적인 특징임이 드러났다. 색깔과 모양도 얼굴반과 비슷한 영역들을 거쳐 다단계로 처리되며, 그 영역들도 아래관자엽에 있다. 그 점은 10장에서 살펴보기로 하자.

신경계의 정점, 뇌

중추신경계는 뇌와 척수로 이루어져 있다. 퍼트리샤 처칠랜드와 테런스 세즈노프스키(1988)가 개괄했듯이, 신경계는 '명확히 정의되는 계층 구조로 조직되어 있다'는 관점을 취할 때 가장 잘 이해할 수 있다.[11] 계층 구조의 각 수준은 해부학적으로 조직화가 어느 규모에서 이루어지느냐에 따라 정의된다(그림3.4). 가장 높은 수준은 중추신경계이고, 가장 낮은 수준은 개별 분자다.

이 새로운 마음의 과학이라는 관점에서 보면, 가장 높은 수순은 뇌다. 뇌는 바깥 세계를 지각하고, 주의를 집중시키며, 행동을 통제하는 경이로울 만치 복잡한 계산 기관이다.

다음 수준은 뇌의 다양한 체계system들이다. 시각, 청각, 촉각 같은 감각계와 움직임을 담당하는 운동계가 대표적이다.

다음 수준은 지도map다. 망막의 시각 수용체들이 1차 시각 피질의 어느 영역에 대응하는지를 나타낸 지도가 한 예다.

지도의 바로 아래 수준은 연결망network이다. 예컨대 새로운 자극이 시야의 한구석에 출현할 때 눈에 반사 운동을 일으키는데, 이런 것이 연결망이다.

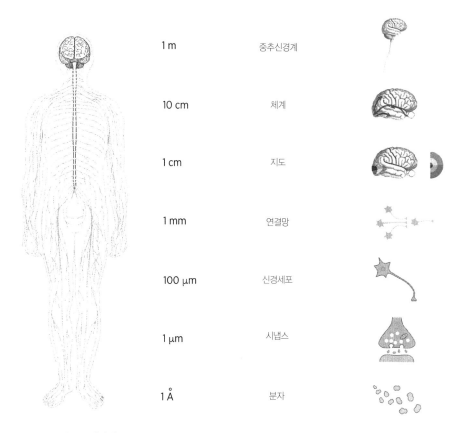

1 m	중추신경계	
10 cm	체계	
1 cm	지도	
1 mm	연결망	
100 µm	신경세포	
1 µm	시냅스	
1 Å	분자	

그림3.4 신경계는 중추신경계에서 분자에 이르는 계층 구조 형태로 조직되어 있으며, 각 계층에 상응하는 규모의 해부 구조가 있다.

왼쪽 인간의 뇌, 척수, 말초신경.

오른쪽 조직 체계(위에서부터), 중추신경계; 뇌의 개별 계통(시각계); 망막을 통해 전달되고 1차 시각 피질에서 재현되는 시야 지도; 작은 신경세포망; 신경세포; 화학적 시냅스; 분자. 시냅스와 감각계와 운동계가 전반적으로 경로 형태로 조직되어 있다는 사실은 잘 알려져 있지만, 그 연결망의 세부 특성은 아직 모르는 부분이 많다.

그 밑으로는 차례로 신경세포, 시냅스, 분자의 수준이 있다.

눈으로 어루만지다

뇌과학에 따르면, 시각 정보를 처리하는 쪽으로 분화했다고 여겨지는 뇌의 몇몇 영역들은 촉각을 통해서도 활성을 띤다고 한다.[12] 특히 대상의 모습과 촉감 양쪽 모두에 반응하는 중요한 영역 하나는 가쪽뒤통수엽에 있다(그림3.5). 대상의 질감은 그 이웃 영역인 안쪽뒤통수엽에 있는 세포들을 활성화한다. 그 대상이 눈을 통해 지각되든 손을 통해 지각되든 상관없다.[13] 우리가 대상의 다양한 재료(가죽, 천, 나무, 금속 등)를 쉽게 알아보고 구별하며, 때로 흘깃 보기만 해도 그렇게 할 수 있는 이유가 이 관계를 통해서 어느 정도 설명된다.[14]

뇌 영상 촬영을 통해 우리 뇌가 바깥 세계를 어떻게 창조하는지 더 깊이 살펴본 연구자들은 물질에 관한 시각 정보가 뇌에 입력되는 양상이 대상을 보고 있는 동안 서서히 바뀐다는 것을 밝혀냈다. 그림이나 다른 어떤 대상을 처음 볼 때는 뇌가 시각 정보만을 처리한다. 그 직후에 다른 감각들을 통해 처리되는 추가 정보가 작동하면서, 뇌의 더 고차원 영역에서 대상의 다중 감각적 표상이 생성된다.

시각 정보를 다른 감각들에서 나온 정보와 결합함으로써 우리는 각기 다른 물질들을 범주화할 수 있다.[15] 사실 빌럼 데 쿠닝과 잭슨 폴록의 그림에서 핵심을 이루는 질감의 지각은 시각적 식별 및 뇌의 이런 더 고차원 영역에서 일어나는 연상 작용과 밀접한 관계가

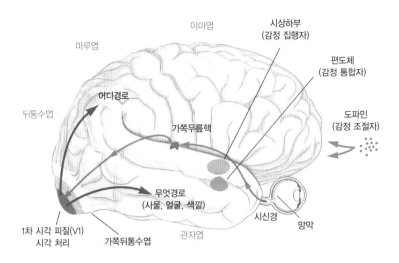

그림3.5 시각 처리의 초기 단계(V1), 시각-촉각 상호작용(가쪽뒤통수엽), 시각적 사물이나 사람에 대한 감정 반응에 관여하는 영역들(편도체, 시상하부, 도파민 경로).

있다.[16] 이 고차원 영역들은 질감을 지닌 이미지를 처리하는 탄탄하고 효율적인 메커니즘들을 지니고 있다. 다시 말해, 서너 감각들로부터 나오는 정보를 결합하는 것이 뇌의 미술 경험에 있어서 아주 중요한 역할을 한다.

시각과 촉각은 서로 상호작용을 할 뿐 아니라, 홀로 또는 결합되어 뇌의 감정 체계들을 불러낼 수 있다. 감정 체계는 긍정적·부정적 감정 양쪽으로 감정을 통합하는 편도체, 감정을 느끼게 하고 집행하는 시상하부, 감정을 증진시키는 도파민 조절 체계로 이루어진다. 이 체계들은 10장에서 더 상세히 다룰 것이다.

현대 추상미술은 선의 해방과 색채의 해방에 토대를 두었다. 우리는 뇌에서 선과 형태가 어떻게 처리되는지를 살펴보았다. 추상미술에서 마찬가지로 중요한 것은 색의 처리다. 색채는 형태의 공간적 세부 사항들을 식별하는 데 도움을 준다는 점에서 중요하다(그림10.1 참조). 또한 색채는 단독으로든, 선이나 형태와 결합해서든, 강한 감정 반응을 일으키는 비범한 능력을 지닌다는 점에서 감상자에게 영향을 미친다. 색채에 대한 감정 반응은 8장과 10장에서 자세히 살펴보기로 하자.

| 학습과 기억의 생물학 |

과학에서 환원주의적 접근법은 잘 정의되어 있다. 가장 단순한 표현 형태를 탐구해 유달리 복잡한 문제를 푸는 전략으로 흔히 쓰인다. 환원주의는 미술에서는 조금 다른 목적에 쓰이는데, 그 점은 뒤에서 살펴보기로 하자. 이 장에서는 미술에서 하향 처리에 기여하는 기초 신경 메커니즘을 살펴보고, 그것들을 밝혀내는 데 환원주의 접근법이 어떤 기여를 했는지 말하기로 하자.

생물학에서 환원주의 접근법이 이룬 한 가지 놀라운 성공 사례는 유전 연구다. 제2차 세계대전이 시작될 무렵까지도, 우리는 유전의 근본 특성, 아니 심지어 무생물과 생물을 구별하는 분자의 근본 특성조차도 거의 알지 못했다. 이 꼴사나운 상황에 자극을 받아서 물리학자 에르빈 슈뢰딩거(그는 양자역학에 선구적인 기여를 해 노벨상을 받았다)는 《생명이란 무엇인가》라는 책을 썼다. 특히 그는 이렇게 물었다. "살아 있는 생물의 공간적 경계 내에서 일어나는 시공간적 사건들을 물

4장 | 학습과 기억의 생물학 • 61

리학과 화학으로 어떻게 설명할 수 있을까?"[1]

슈뢰딩거는 컬럼비아대학교의 유전학자 토머스 헌트 모건의 연구에 초점을 맞추었다. 모건은 유전자가 염색체에 들어 있는 개별적인 실체임을 보여주었다. 하지만 유전자의 물리적 구조나 화학적 조성은 전혀 알려져 있지 않았다. 특히 당혹스러웠던 것은 그 이중적 특성이었다. 유전자는 형질을 한 세대에서 다음 세대로 전달할 수 있을 만큼 안정적인 한편으로, 변화할 수 있고 그 변화를 한 세대에서 다음 세대로 전달할 수 있을 만큼 가변성도 지녔다. 슈뢰딩거는 유전자가 생물의 모든 향후 발달을 규정하는 "정교한 암호문"을 지니고 있다고 추정했다. 그리하여 그는 생물학의 핵심 과제를 콕 짚었다. '한 생물의 유전자에 든 정보가 어떻게 그 생물을 세세하게 지정할 수 있고, 그 정보가 어떻게 전달되고 변형될 수 있는가.' 이 수수께끼를 푸는 것이 생물학의 과제라고 보았다.

슈뢰딩거의 책이 나온 바로 그 무렵에, 학술지 《제네틱스》에 샐버도어 루리아와 막스 델브뤼크 두 생물학자가 혁신적인 논문을 실었다. 당시까지 환원주의는 물리학에서 성공을 거두어왔지만, 그것을 생물학에 최초로 적용한 사람은 루리아와 델브뤼크였다. 그들은 단순한 단세포 생물인 세균을 연구 모형계로 쓸 수 있음을 보여주었다. 그것으로 '유전자의 작용'과 '유전'이라는 복잡한 과정을 연구할 수 있었다. 하지만 그 일은 시작에 불과했다. 1944년 록펠러대학교의 오스왈드 에이버리는 세균을 연구해, 유전을 담당하는 유전자의 화학적 성분이 DNA라는 증거를 최초로 제시했다.

1952년 생물학자 제임스 왓슨과 물리학자 프랜시스 크릭(그는 슈뢰딩거의 책을 읽고 나서 유전자의 생물학에 흥미를 느꼈다고 한다)은 에이버리의 발견을 이을 공동 연구를 시작했다. 왓슨은 DNA 구조를 해독하면 유전학의 가장 중요한 수수께끼가 풀릴 것이라고 확신했다. 아니, 그것은 사실상 생물학 전체에서 가장 중요한 의문이었다. DNA는 어떻게 복제되고, 유전 정보는 어떻게 한 세대에서 다음 세대로 충실하게 전달되는가.

왓슨과 크릭이 발견한 DNA 이중나선 구조는 그 자체로 DNA가 어떻게 복제되는지, 그리고 그것이 세대 간에 어떻게 전달되는지 알려주었다. 왓슨의 말마따나, 생명의 비밀이 드러난 것이다. 몇 년 뒤, 파리 파스퇴르연구소의 프랑수아 자코브와 자크 모노는 다시 세균으로 돌아갔다. 그들은 유전자가 조절되는 전반적인 양상을 규명했다. 즉, 유전자가 어떻게 켜지고 꺼지고 하는지를 알아냈다. 이런 놀라운 깨달음들은 환원주의의 전략을 유전의 생물학에 적용해 나온 것이었다.

그렇다면 뇌의 생물학에는 어떨까? 유전자보다 훨씬 더 복잡한 것에도, 환원주의자의 접근법이 주효할까? 그 방법을 뇌과학에 적용하면 인문학의 중요한 문제들을 규명할 수 있을까? 환원주의가 하향 처리 과정을 이해하는 데 도움을 줄 수 있을까? 즉, 학습된 경험과 시각적 연상이 어떻게 우리의 지각과 미술의 향유에 영향을 미치는지 알려줄 수 있을까?

이런 포괄적인 질문들에 답하기 위해, 하향 처리 중 학습된 연상에 초점을 맞추어서 더 구체적인 질문 세 가지를 던져보기로 하자. 우리는 어떻게 배울까? 또 어떻게 기억할까? 배우고 기억하는 것이 미술 작품에 반응할 때의 하향 처리 과정과 어떻게 관련될까?

인류 문명의 초석, 학습과 기억

　넓은 의미의 인문학적인 관점에서 볼 때, 학습과 기억에 대한 연구는 한없이 흥미롭다. 인간 행동의 가장 놀라운 측면들 중 하나, 즉 경험을 통해 새로운 착상을 생성하는 능력을 규명하기 때문이다. 학습은 세계에 관한 새로운 지식을 얻는 메커니즘이고, 기억은 그 지식을 시간이 흘러도 간직하는 메커니즘이다. 우리가 우리 자신인 이유는 상당 부분 자신이 배우는 것과 기억하는 것 때문이다. 하지만 학습과 기억은 인간 경험에 더 큰 역할도 한다.

　학습은 독립된 특성을 지니기는 해도, 문화적으로 폭넓게 파생 효과를 낳는다. 우리는 학습을 통해 세계와 문명에 관한 지식을 쌓는다. 가장 넓은 의미에서 볼 때, 학습은 개인의 지식 습득 차원을 넘어서 세대 간의 문화 전달 수단이기도 하다. 학습은 행동 적응의 중요한 수단이자 사회 진보의 유일한 수단이다. 사실 동물과 사람이 자신의 환경에 적응하는 데 이용할 수 있는 주요 메커니즘은 두 가지뿐이다. 생물학적 진화와 학습이 그것이다. 그중에서 학습이 훨씬 더 효율적이다. 생물학적 진화로 일어나는 변화는 일단 느리고, 고등한 생물에게서는 수천 년이 걸릴 때도 종종 있다. 하지만 학습을 통해 일어나는 변화는 빠르며, 개체의 평생에 걸쳐 반복해 일어날 수도 있다.

　학습 잠재력은 신경계의 복잡성에 달려 있다. 따라서 적절하게 진화한 동물이라면 모두 학습과 기억 능력을 지니지만, 그 최고 형태는 인간에게서 나타난다. 인간에게서 학습은 전혀 새로운 유형의 진화(문화적 진화)를 낳았고, 그 진화는 대체로 생물학적 진화를 보완하면서 지식과 적응 양상을 세대 간에 전달하는 수단으로 자리 잡았다. 학습 능력이 대단히 잘 발달한 덕분에, 인류 사회는 거의 오로지 문화적 진화를 통해서 변하고 있다. 사실 약 5만 년 전의 화석 기록상에 호모 사피엔스가 처음 출현한 이래로, 인간의 뇌에 크기나 구조 면에서 생물학적으로 어떤 변화가 일어났다는 강력한 증거는 전혀 없다. 고대부터 현대에 이르기까지, 인류의 모든 성취는 문화적 진화, 따라서 기억의 산물이다.

학습을 연구하는 생물학은 몇몇 익숙한 철학적 질문들을 다룬다. 인간 마음의 조직 체계 중 어떤 측면이 타고나는 것일까? 마음은 어떻게 세계의 지식을 습득할까?

모든 세대의 진지한 사상가들은 이런 질문들을 붙들고 씨름해 왔다. 17세기 말에 두 상반되는 견해가 출현했다. 영국 경험론자 존 로크, 조지 버클리, 데이비드 흄은 우리 마음이 선천적인 생각을 지니고 있지 않다고 주장했다. 모든 지식은 감각 경험을 통해 나오며, 따라서 학습되는 것이라고 보았다. 반면에 대륙 철학자 르네 데카르트, 고트프리트 라이프니츠, 특히 임마누엘 칸트는 우리가 선험적 지식을 갖고 태어난다고 주장했다. 우리 마음은 선천적으로 정해진 틀 속에서 감각 경험을 받아들이고 해석한다는 것이다.

19세기 초에 다음과 같은 사실이 점점 명백해졌다. '관찰, 내성, 논증, 사색 같은 철학의 방법들로는 학습이 어떻게 이루어지는지에 관한 상충되는 견해들을 구별할 수도, 조화시킬 수도 없다.' 그 답을 알려면, 학습을 할 때 뇌에 어떤 일이 벌어지는지를 알아야 했다.

심리학과 생물학의 종합을 위하여

마음은 뇌가 수행하는 작업들의 집합이다. 뇌가 이런 정신 기능들을 어떻게 수행하는지에 관심이 있는 생물학자에게는 학습 연구가 또 다른 매력도 지니고 있다. 생각, 언어, 의식과 달리, 학습에는 행동 수준과 분자 수준 양쪽으로 환원주의적 분석을 적용할 수 있기 때문이다.

20세기 초에 연상 학습의 두 유형이 발견되었다. 고전적 조건 형성과 조작적 조건 형성이었다. 이반 파블로프가 발견한 고전적 조건 형성은 동물이나 사람이 두 자극을 서로 연관짓는 법을 배우는 과정에 관여한다. '소리' 같은 중립적 자극을 주면서 '전기 충격' 같은 강화 자극을 잇달아 주면, 동물이나 사람은 중립적 자극에도 몸을 움츠리게 된다. 조작적 조건 형성은 에드워드 손다이크가 발견한 것으로서, 동물이 한 자극을 한 반응과 연관짓는 법을 배우는 과정에 관여한다. 동물에게 레버를 눌렀을 때 먹이가 보상으로 나온다는 것을 보여주면, 그 동물은 레버를 누르는 법을 배울 것이고, 점점 더 빠르고 효율적으로 누르게 될 것이다.

이런 연구 성과들에 힘입어서, 20세기 전반기까지 연구자들은 실험동물과 인간 양쪽으로 초보적인 형태의 학습과 기억을 순수한 행동 수준에서 잘 규명할 수 있었다. 학습의 이런 기본 형태들은 범위가 가장 명확하게 밝혀져 있고, 실험자가 가장 쉽게 통제할 수 있는 정신적 과정들이다.

파블로프, 손다이크, 스키너가 학습과 기억의 심리학을 탐구하고 있을 바로 그 무렵에, 알로이스 리글과 그 젊은 사도들인 에른스트 크리스, 에른스트 곰브리치는 예술사를 심리학이라는 토대 위에 올려놓음으로써 과학 분야로 정립하는 일을 하고 있었다. 앞서 살펴봤듯이, 크리스와 곰브리치는 학습과 기억이 시지각, 따라서 미술에 대한 우리 반응의 핵심임을 보여주었다. 그 반응은 단순히 작품을 보는 것만이 아니라, 하향 처리를 통해서 해당 작품을 다른 기억들과 연관짓는 과정을 수반한다. 그래서 미술 작품을 볼 때 이전에 본 다른 미술 작품이나, 앞서 겪었던 어떤 인생 경험이 떠오르게 된다.

초기 심리학자들은 뇌의 생물학을 몰라도 학습과 기억을 이해할 수 있나고 생각했다. 이 성신 과성늘이 뇌에서 일어나는 과정들과 직접 대응하지 않는다고 믿었기 때문이다. 하지만 새로운 마음의 과학이 출현함에 따라, 모든 정신 과정들이 생물학적 과정들이라는 것이 명백해졌다. 행동 표현을 그 바탕에 놓인 생물학적 조직 체계와 관련지어 살펴보면 정신 과정을 훨씬 더 깊이 이해할 수 있었다. 다시 말해 학습과 기억의 토대를 이루는 메커니즘에 관한 질문들에 대답하려면, 뇌를 직접 조사해야 한다. 최근 들어서 신경과학은 바로 그렇게 해왔으며, 현재 우리는 예비 조사 결과에 해당하는 답을 몇 가지 지니고 있다.

1950년대가 되자, 신경과학자들은 뇌라는 블랙박스를 열 수 있다는 것을 알아차렸다. 전에는 오로지 심리학자와 정신분석가의 영역이었던 기억 저장의 문제가 현대 생물학의 방법론에 굴복하기 시작했다. 그 결과 기억 연구는 점점 더 학습과 기억의 심리학에서 제기된 핵심적인 미해결 질문들 중 일부를 생물학이라는 경험과학의 언어로 번역해 살펴보는 쪽으로 나아갔다. 그런 문제들은 이제 이런 식으로 번역되었다. 학습이 뇌의 신경망에 어떤 종류의 변화를 일으킬까? 기억은 어떻게 저장될까? 일단 저장되면, 기억은 어떻게 유지될까? 일시적인 단기기억이 지속적인 장기기억으로 전환될 때, 분자 수준에서 어떤 단계들이 관여할까?

이 번역을 시도하는 목적은 심리적 사고를 분자생물학의 논리로 대체하려는 것이 아니라, 심리학과 생물학을 종합하기 위해서였다. 그럼으로써 기억 저장의 심리학과 세포 신호 전달의 분자생물학 간의 상호작용에 정당성을 부여할 새로운 마음의 과학을 창안하려는 것이었다.

기억은 '어디에' 저장될까

1957년 브렌다 밀너 연구진은 선구적인 연구 성과를 내놓았다. 특정한 유형의 장기기억들이 해마와 안쪽관자엽의 다른 영역들, 즉 의식적 자각에 필요한 뇌 구조들을 통해 습득되고 저장된다는 것이었다. 곧 뇌가 두 종류의 주요 기억을 형성할 수 있다는 것이 밝혀졌다. 하나는 사실과 사건, 사람, 장소, 사물에 관한 명시기억(선언적 기억)이었고, 다른 하나는 지각 및 운동 기술에 관한 암묵기억(비선언적 기억)이었다.

명시기억은 대체로 의식적 자각을 요구하고 해마에 의존하는 반면, 암묵기억은 의식적 자각을 요구하지 않고 주로 다른 뇌 체계들에 의지한다. 소뇌, 줄무늬체, 편도체가 그것이며, 무척추동물에게서는 단순 반사 경로 자체가 그 일을 한다. 명시기억은 피질 전체에 걸쳐서 저장되는 반면, 암묵기억은 뇌의 다양한 영역들에 저장된다. 따라서 우리는 가장 소중한 기억을 떠올리거나 미술에 반응할 때는 해마에 의지하지만, 자전거를 탈 때는 그렇지 않다. 자전거 타기는 의식적인 회상을 요구하지 않기 때문이다.

기억은 '어떻게' 저장될까

1970년대 밀너의 연구는 우리가 두 유형의 기억 체계를 지니고 있다는 것을 보여주었지만, 그런 체계들이 어떻게 기억을 저장하는지는 불분명했다. 사실 과학자들은 기억 저장의 근본 메커니즘을 연구할 수 있는 믿을 만한 생물학적 맥락조차도 지니고 있지 않았다. 당시 생물학자들은 기억의 주된(그리고 서로 충돌하는) 이론 두 가지를 구별할 수조차 없었다. 집합장 이론aggregate field theory은 정보가 다수의 신경세포, 즉 뉴런의 평균 활동으로 생기는 생체전기장에 저장된다고 가정했다. 반면, 세포 연결주의 이론cellular connectionist theory은 기억이 시냅스 연결의 강도에 해부학적 변화가 일어나면서 저장된다고 보았다(시냅스는 한 신경세포가 다른 신경세포와 의사소통을 하는 접촉 지점이다). 후자는 뇌의 세포 기능을 연구한 최초의 인물인 스페인의 위대한 선구자 산티아고 라몬 이 카할의 개념에서 유래했다.[2]

곧 이 이론들을 구별할 유명한 방법이 등장했다. 바로 단순한 동물을 대상으로 환원주의적 접근법을 취하는 것이었다. 이때 신경세포를 아주 적게 지닌 동물이 좋을 터였다. 신경세포가 서로 어떻게 연결되어 있고 어떻게 상호작용하는지를 하나하나 거의 다 파악할 수 있기 때문이었다. 그런 생물을 이용하면, 단순한 행동에 관여하는 개별 신경세포들의 상호작용을 조사하고, 그런 상호작용 양상이 학습과 기억 저장을 통해 어떻게 변하는지 알아낼 수 있을 듯했다.

비록 환원주의 접근법이 전통적으로 생물학의 많은 영역에서 쓰이기는 했지만, 연구자들은 대체로 학습과 기억 같은 정신 과정들에는 환원주의 전략을 취하기를 꺼려했다. 하지만 기억 저장이 생존에 대단히 중요하므로, 그 메커니즘이 보존될 가능성이 매우 높다는 것도 분명했다(보존된 생물학적 과정이란, 어떤 형질이 원시적인 생물에게 매우 유용했기 때문에 그 뒤에 진화한 더 복잡한 생물들도 그것을 지니게 되는 것을 말한다). 따라서 단순한 동물이나 과제를 조사하여 분자 수준에서 학습이 어떻게 이루어지는지를 밝혀낸다면, 기억 저장의 보편적인 메커니즘까지 밝혀질 가능성이 충분히 있었다.

이러한 과격한 환원주의적 분석에 거의 이상적일 만큼 적합해 보이는 동물이 하나 있었다. 바로 갯민숭달팽이의 친척인 군소Aplysia였다.[3] 사실 군소가 환원주의 분석에 좋다는 점은 생물학자들이 그 동물에게 관심을 보이기 거의 10년 전에 앙리 마티스가 간파한 바 있

그림4.1 **왼쪽** 군소. **오른쪽** 앙리 마티스, 〈달팽이〉, 1953년.

었다. 말년에 접어들었을 때, 마티스는 색종이를 잘라낸 단순한 조각 열두 개만으로 달팽이의 기본적인 시각 요소들을 재구성할 수 있었다. 마티스의 마지막이자 아마 가장 위대할 이 시기를 특징짓는 말이 바로 '색재의 순수성'이다. 예술사학자 올리비어 베르그륀은 이를 두고 "물질적인 모든 것으로부터 해방된 자유의 느낌을 감상자에게서 이끌어낸다"라고 평하기도 했다.[4] 마티스의 작품은 달팽이의 본질적인 형상뿐 아니라, 감상자가 조금만 상상력을 발휘한다면 달팽이의 움직임까지도 포착해낸다.

군소의 다양한 행동(방향을 돌리고, 먹고, 짝짓고, 기어가고, 방어하기 위해 움츠리는 등의 행동)은 비교적 소수의 신경세포로 이루어진 아주 단순한 신경계가 제어한다. 사람의 신경세포는 뇌에 1,000억 개가 있는 반면, 군소는 2만 개에 불과하다. 군소의 신경세포들은 신경절이라는 열 개의 덩어리에 흩어져 있다. 각 신경절은 약 2,000개의 세포로 이루

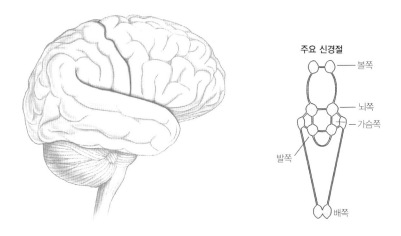

주요 신경절
- 볼쪽
- 뇌쪽
- 가슴쪽
발쪽
배쪽

그림4.2 사람의 뇌(왼쪽)와 군소의 뇌(오른쪽) 비교. 사람의 뇌는 수적으로 복잡한 반면(1,000억 개의 신경세포), 군소의 뇌는 단순하다(2만 개의 신경세포).

어지고, 나름의 행동 집합을 통제한다. 그 결과 100개 미만의 신경세포가 관여하는 단순한 행동도 있을 수 있다. 신경세포의 수가 이렇게 적기 때문에 특정한 행동에 기여하는 세포를 하나하나 정확히 파악하는 것이 가능하다. 그래서 과학자들은 이 단순한 동물의 가장 단순한 행동을 파악하는 일에 착수했다. 그리하여 '아가미 움츠림 반사'를 찾아냈다.[5]

군소는 아가미라는 외부 호흡기관을 갖고 있다. 아가미는 외투 선반mantle shelf이라는 보호막으로 덮여 있다. 외투 선반은 거의 흔적만 남은 껍데기를 감싸고 있는 형태의 막이며, 끝이 살집 있게 튀어나와서 수관siphon(연체동물의 몸에 있는 빨대처럼 생긴 관으로서, 물이나 먹이, 배설물 같은 것이 드나드는 통로다 ─ 옮긴이)을 이룬다. 수관을 살짝 건드리면, 군소는 아가미를 움츠리는 반응을 보인다. 이 수축은 뜨거운 물체에 닿았

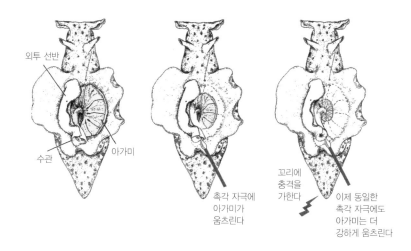

외투 선반

수관

아가미

촉각 자극에
아가미가
움츠린다

꼬리에
충격을
가한다

이제 동일한
촉각 자극에도
아가미는 더
강하게 움츠린다

그림4.3 군소의 아가미 움츠림 반사는 학습을 통해 수정될 수 있다. 수관에 약한 촉각 자극을 주면 대개 아가미가 조금 수축한다(중간 그림). 그런 자극을 줄 때 동시에 꼬리에 전기 충격을 주어서 군소를 겁먹게 하면, 이제 수관에 똑같이 약한 자극을 주어도 아가미가 훨씬 더 강하게 수축한다(오른쪽 그림). 꼬리 충격을 통해 유도된 두려움은 충격을 몇 번이나 받았느냐에 따라서 기억하는 시간이 달라진다. 꼬리 충격을 단 한 번 받았을 때에는 기억이 그저 몇 분 동안만 남아 있지만, 다섯 번 받으면 며칠이나 몇 주 동안 지속될 수 있다.

을 때 손을 재빨리 빼는 것과 흡사한 방어 반사다. 이 원초적인 반응에 관여하는 신경세포는 아주 적다. 이 반응은 고전적 조건 형성을 포함한 몇 가지 유형의 학습을 통해 수정될 수 있다. 이러한 유형의 연상 학습은 우리 뇌에서도 무의식적으로 이루어진다. 어떤 그림을 보면서 그것을 다른 그림이나 개인적 경험과 암묵적으로 연관지을 때 그러하다.

아가미 움츠림 반사에 관여하는 신경세포들 사이의 연결, 즉 반사의 신경 회로를 연구하니, 비교적 단순하다는 것이 드러났다. 이 반사는 여섯 개의 운동신경세포와 연결된 스물네 개의 감각신경세포를

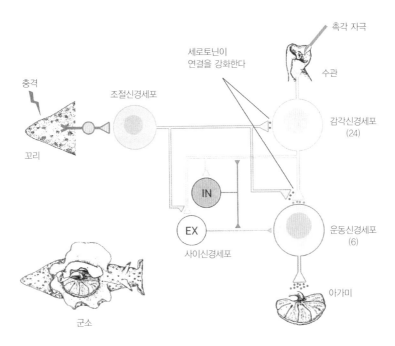

그림4.4 아가미 움츠림 반사의 신경 회로. 꼬리에 전기 충격을 주면, 세로토닌 분비를 통해 회로 연결이 강화된다.

통해 이루어진다. 연결은 직접 이루어지기도 하고 사이신경세포를 거치기도 한다.[6]

군소의 신경 회로는 놀라울 만치 불변임이 드러났다. 모든 군소 개체에서 동일한 세포들이 반사 회로를 이루고 있을 뿐 아니라, 그 세포들은 똑같은 방식으로 연결되어 있다. 각 감각세포와 각 사이신경세포는 특정한 표적 세포 집합에만 연결되어 있다. 이 발견들은 칸트가 말한 선험적 지식의 단순한 사례를 처음으로 보여준 것과 같았다. 유전적·발달적 통제하에서 뇌에 새겨진 것이 행동의 기본 구조임을 보여주었다. 이 사례에서는 해로운 자극을 피해 움츠리는 능력을 가리

킨다. 그 뒤로 군소의 다른 행동들도 비슷한 불변성을 보인다는 것이 발견되었다.[7]

이 깨달음은 한 가지 심오한 의문을 제기했다. 그렇게 정확히 배선된 신경 회로에서 어떻게 학습이 일어날 수 있을까? 즉 행동의 신경 회로에 가변성이 없다면, 어떻게 행동이 수정될 수 있는 것일까?

단기기억과 장기기억의 형성

이 명백해 보이는 역설의 해답은 꽤 단순하다. 학습이 신경세포 사이의 연결 강도를 바꾼다는 것이다.[8] 설령 군소의 유전적·발달적 프로그램이 세포 사이의 연결을 하나하나 세밀하게 지정해 불변성을 띠게 한다고 해도, 그런 연결의 '강도'는 규정하지 않는다. 따라서 로그라넌 예측했을 것도 같지만, 학습은 신경 회로의 연결 부위에 작용해 기억을 형성한다. 게다가 연결 강도의 지속적인 변형은 기억이 저장되는 메커니즘이다. 우리는 이 기본적이고 환원된 형태에서 본성과 양육, 칸트와 로크의 견해가 화해하는 것을 본다.

기억은 단기적으로, 그리고 장기적으로는 어떻게 유지되는 것일까? 이 질문에 답하기 위해, 몇 가지 학습 유형에 초점을 맞추어서 군소 연구가 이루어졌다. 군소가 각기 다른 자극에 반응해 행동을 수정해야 하는 학습이었다. 이런 행동 변화가 어떻게 이루어지는지를 관찰한다면 학습의 메커니즘이 드러날 터였다.

해당 연구에 쓰인 학습의 한 가지 형태는 고전적 조건 형성이었다.

군소의 수관을 살짝 건드리면 아가미가 약간 움츠러든다. 수관을 살짝 건드린 뒤 곧바로 꼬리에 전기 충격을 주면, 군소는 수관에 접촉이 이루어진 뒤 꼬리에 충격이 올 것이라고 예측하게 된다. 이 학습이 이루어지고 나면, 수관을 살짝 건드리기만 해도 군소는 아가미를 크게 움츠린다. 말하자면 군소는 고전적 조건 형성을 통해 수관에 닿는 가벼운 접촉을 곧 이어지는 충격과 연관짓는 법을 배운다.

이런 유형의 기억 저장은 분자 수준에서 어떤 과정을 거쳐 이루어지는 것일까? 군소의 아가미 움츠림 반사를 통제하는 감각신경세포와 운동신경세포 사이의 시냅스 연결을 조사하니, 꼬리에 한 차례 자극을 주면 조절신경세포가 활성을 띠면서 감각신경세포로 세로토닌을 분비하고, 그 결과 운동신경세포와의 시냅스 연결 강도가 강화된다는 것이 밝혀졌다. 세로토닌이 분비되면, 감각신경세포 안에서 cAMP$_{\text{cyclic adenosine monophosphate}}$라는 신호 전달 분자의 농도가 높아진다. 이 cAMP 분자는 감각신경세포에 신경전달물질인 글루탐산을 시냅스 틈새로 분비하라고 신호를 보낸다. 그러면 감각신경세포와 운동신경세포 사이의 연결이 일시적으로 강화된다.[9]

고전적 조건 형성에서는 수관의 가벼운 접촉(조건 자극)을 곧이어 꼬리에 가하는 충격(무조건 자극)과 짝지음으로써, 어느 한쪽 자극만 줄 때보다 아가미 움츠림 반사를 더 강하게 일으킨다. 어떻게 이런 일이 일어나는 것일까? 감각신경세포는 수관에 접촉이 일어나면 그에 반응해 활동 전위를 일으키는데, 군소는 그 접촉을 이어지는 꼬리 충격과 연관짓는다. 활동 전위가 생성되면 세로토닌에 자극을 받아서 생산되는 cAMP의 양이 늘어나고, 그러면 감각신경세포와 운동신경세

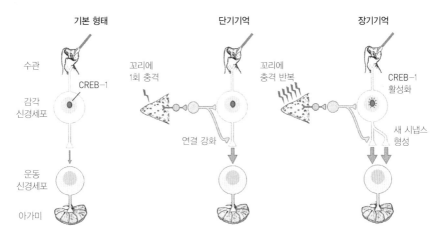

기본 형태 　　　　　　　단기기억 　　　　　　장기기억

수관

CREB-1

감각
신경세포

꼬리에
1회 충격

꼬리에
충격 반복

CREB-1
활성화

새 시냅스
형성

연결 강화

운동
신경세포

아가미

그림4.5　단기기억과 장기기억 저장의 토대를 이루는 서로 다른 메커니즘. 수관 피부에서 뻗어 나온 하나의 감각신경세포가 아가미로 이어지는 하나의 운동신경세포와 연결되어 있다. 단기기억은 꼬리에 한 차례 충격이 가해지면 생성된다. 이 충격은 조절신경세포(파란색)를 활성화하고, 그 결과 감각신경세포와 운동신경세포 사이의 연결이 강화된다. 장기기억은 꼬리에 충격을 다섯 번 되풀이하면 생성된다. 그러면 조절신경세포가 더 강하게 활성을 띠고, CREB-1 유전자가 활성화하면서 새로운 시냅스가 형성된다.

포 사이의 시냅스 연결이 더욱 강화된다. 시냅스가 이렇게 튼튼하게 연결되면, 아가미를 더욱 강하게 움츠릴 수 있게 된다.

　짝지은 자극들을 군소가 기억하는 지속 시간은 훈련 횟수와 상관관계가 있다. 짝지은 자극을 단 한 번만 주면, 군소는 그 사건의 단기기억을 형성하고, 반사가 몇 분 동안만 강화된다. 짝지은 충격을 다섯 번 이상 주고 나면, 군소는 며칠에서 몇 주까지 이어지는 장기기억을 지니게 된다. 요컨대 군소에게서도 연습은 완벽해지는 방법이다!

　어떻게 단 한 차례 훈련을 하면 단기기억이 형성되고, 다섯 번의 훈련을 하면 장기기억으로 전환되는 것일까? 그림4.5(왼쪽)는 감각신경세포 하나가 수관 피부로부터 정보를 받고, 아가미의 운동신경세포 하나와 직접 연결되어 있는 모습이다. 꼬리에 한 차례 충격을 받으면 조절신경세포가 활성을 띠면서 세로토닌을 분비하고, 그 결과 감각신경세포 안에서 연쇄 반응이 일어난다. 따라서 세로토닌이 분비됨으로써 감각신경세포와 운동신경세포 사이의 연결이 일시적으로 강화된다(그림4.5, 가운데). 그런데 충격과 세로토닌 분비가 반복하여 일어남으로써 감각신경세포의 발화가 연합학습의 형태를 띠면, 신호 하나가 감각신경세포의 세포핵으로 보내진다. 이 신호는 CREB-1이라는 유전자를 활성화하고, 이 유전자는 감각신경세포와 운동신경세포 사이에 새로운 연결을 형성한다(그림4.5, 오른쪽).[10] 기억을 지속시키는 것은 바로 이런 연결들이다. 이를테면 만약 독자가 이 책에서 읽은 무언가를 기억한다면, 독자의 뇌가 읽기 전과 조금 달라졌기 때문이다.

연합기억 형성(고전적 조건 형성)의 메커니즘은 매우 일반적이라는 것이 밝혀져왔다. 무척추동물뿐 아니라 척추동물에도 적용되고, 암묵기억(무의식적 기억)뿐 아니라 명시기억(의식적 기억)에도 들어맞는다.[11] 미술 작품을 볼 때 우리 뇌에서 일어나는 하향 처리 과정에, 바로 이 연합기억 과정이 동원된다(8장 참조).

뇌도 우리의 인생처럼 각기 다르다

신경세포 사이에 형성되는 새로운 연결이 인간 뇌의 기능적 구조를 결정하는 데 얼마나 중요할까? 당신과 내게는 얼마나 중요할까?

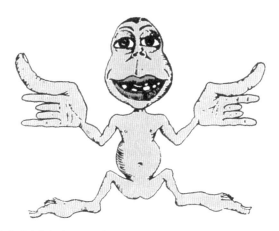

그림4.6 감각 피질에서 피부 표면이 어떤 비율로 표상되고 있는지를 보여주는 체성감각 호문쿨루스. 가장 민감한 부위가 피질 지도에서 가장 폭넓게 표상된다.

그리고 미술을 대할 때의 우리 반응과는 어떤 관계가 있을까?

그림4.6은 인체 표면이 뇌의 감각 피질에 어떻게 대응하는지를 보여준다. 손, 눈, 입처럼 가장 민감한 부위들이 가장 큰 면적을 차지한다. 촉각은 시각과 긴밀하게 결부되어 있고, 미술, 특히 추상미술을 접할 때 일어나는 반응의 중요한 측면을 이룬다.

아주 최근까지 이 피질 지도는 고정된 것이라고 생각했다. 하지만 이제는 그렇지 않다는 것을 안다. 샌프란시스코 캘리포니아대학교의 마이클 머제니치는 군소에서 새로운 시냅스 연결이 이루어지는 것처럼, 어른 원숭이의 피질 지도도 이용 양상에 따라서 끊임없이 변형된다는 것을 발견했다. 피질 지도는 다양한 감각기관으로부터 뇌로 이어지는 경로들의 활성에 따라서 변형된다.[12] 레슬리 엉거라이더는 사람의 피질 지도에서도 비슷한 변형이 일어난다는 것을 보여주었다.[13]

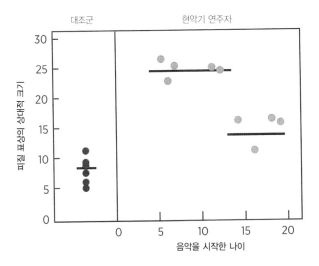

그림4.7　현악기 연주자와 일반인(대조군)의 왼손 새끼손가락 피질 표상의 크기 비교. 현악기 연주자 중에서도 13세 이전에 연주를 시작한 이들이 그 뒤에 시작한 이들보다 표상이 더 크다. 수평선은 각 점 집합의 평균을 나타낸다.

뇌의 변형 잠재력은 이용 양상뿐 아니라 나이에 따라서도 달라지는 듯하다(그림4.7). 독일 콘스탄츠대학교의 토마스 엘베르트 연구진은 현악기 연주자의 뇌와 일반인의 뇌를 영상으로 찍어서 비교했다.[14] 일반인에 비해 음악가들은 독립적이면서 때로 고도로 복잡한 양상으로 움직이곤 하는 왼손 손가락들의 표상이 상당히 큰 것으로 드러났다. 또 엘베르트는 성숙한 뇌에서도 구조 변화가 일어날 수 있기는 하지만, 이른 나이에 음악 훈련을 시작한 음악가들에게서 변화가 더 크게 나타난다는 것도 관찰했다. 예컨대 하이페츠가 위대한 바이올리니스트이자 신동인 것은 그가 단지 좋은 유전자를 지녔기 때문만이 아니었다. 그는 아주 어릴 때부터 음악적 기교를 갈고닦기 시작했다. 뇌가 경험을 통해 변형되기 쉬운 가장 민감한 시기였다.

이런 극적인 연구 결과들은, 동물 연구에서 이미 상세히 드러난 사실들이 인간에게도 적용된다는 것을 확인시켜주었다. 즉, 몸의 각 부위를 표상하는 피질의 비율은 어느 정도는 그 부위를 얼마나 많이, 또는 적게 쓰느냐에 따라 달라진다는 것이다.

우리 각자는 서로 다른 환경에서 자라고, 서로 다른 자극의 조합에 노출되고, 서로 다른 것들을 배우고, 서로 다른 방식으로 운동과 지각 기술을 연습할 가능성이 높다. 그러므로 뇌의 구조도 각자 독특한 방식으로 변형될 것이다. 우리는 각자 인생 경험이 다르기 때문에 조금씩 다른 뇌를 지닌다. 설령 똑같은 유전자를 지닌 일란성 쌍둥이라도, 서로 다른 경험을 하면서 다른 뇌를 지니게 될 것이다. 이러한 뇌 구조의 독특한 변형과 유전적 조성이야말로, 개성 표현의 생물학적 토대다. 또 우리가 미술에 반응하는 양상의 차이도 그것으로 설명된다. 앞서 살펴봤듯이 미술 작품을 접할 때의 우리 반응은 선천적인 상향 지각 과정뿐 아니라 하향 연상과 학습에도 의존하며, 후자는 시냅스의 강도 변화를 통해 이루어진다.

뇌과학이 미술을 만날 때

뇌과학에서 환원주의적 접근법은 학습이 신경세포 사이의 연결 강도를 변화시킨다는 것을 밝혀냈다. 이 발견으로부터 하향 처리가 어떤 식으로 일어나는지 첫 번째 단서가 나왔다. 게다가 이제 우리는 그 처리가 어디에서 일어나는지도 조금은 알고 있다. 학습된 시각 연상은 아래관자엽에서 통합된다(아래관자엽은 해마, 즉 기억을 의식적으로 회상하는 일을 담당하는 곳과 상호작용하는 영역이다). 또 우리는 미술 작품을 볼 때 우리가 '색채'와 '얼굴'에 강한 감정 반응을 일으키는 이유도 이해하고 있다. 아래관자엽은 색채와 얼굴에 관한 정보를 처리하는 전담 영역들을 포함하고 있으며, 해마뿐 아니라 감정을 통합 조율하는 편도체와도 정보를 교환한다.

감정(성욕, 공격성, 쾌락, 두려움, 고통)은 본능적 처리 과정이다. 감정은 삶을 다채롭게 하고, 고통을 피하고 쾌락을 추구하는 것과 같은 근본적인 도전 과제들에 대처하도록 돕는다. 7장에서 빌럼 데 쿠닝의 〈여성 I〉과 구스타프 클림트의 〈유디트〉를 통해 성욕과 공격성의 상호작용을 살펴볼 것이다. 우리가 그림에서 떠올리는 감정은 본질적으로 일상생활의 다른 모든 것들에서 떠올리는 감정과 동일하다. 그러니 미술은 우리가 이제야 겨우 알아차리고 규명하기 시작한 지각과 감정에 관한 무수한 질문들을 제기한다고 할 수 있다. 뇌과학에서 새로운 통찰을 이끌어내라고 우리에게 도전 과제를 제시하는 것이다. 특히 지금 우리는 다양한 감정 상태들이 구상미술과 추상미술의 지각에 어떤 식으로 다르게 영향을 미치는지를 탐구하기 시작할 시점에 와 있다.

우리는 미술을 지각하고 감상할 때 뇌가 그 과정을 어떻게 매개하는지 이제 겨우 이해하기 시작했다. 하지만 추상미술에 대한 반응이 구상미술에 대한 반응과 상당히 다르다는 것은 안다. 그리고 추상미술이 그토록 성공을 거둘 수 있는 이유도 안다. 추상미술은 이미지를 형태, 선, 색, 빛으로 환원하고, 따라서 하향 처리에 더 심하게 의존한다. 다시 말해 감정, 상상, 창의성에 더 의존한다. 뇌과학은 미술에서 하향 지각과 감상자의 창의성이 어떤 역할을 하는지 더 깊이 이해하게 해줄 수 있다.

지금까지 생물학에서의 환원주의 전략이 하향 처리 문제를 해결하는 데 유용하다는 것을 알아보았다. 이제 미술로 돌아가자. 미술에서도 환원주의 전략은 의식적으로든 무의식적으로든, 아주 다양한 방식으로 사용되어왔다.

3부

미술과
환원주의

| 추상미술의 등장 |

뇌과학자는 학습과 기억의 아주 단순한 사례에 초점을 맞추는 환원주의를 써서 시지각의 과정을 규명할 수 있다. 그와 비슷하게 화가도 환원주의를 써서 형태, 선, 색, 빛에 초점을 맞출 수 있다. 가장 전면적인 형태의 환원주의는 화가가 '구상'에서 '추상'으로, 즉 구상의 부재로 나아갈 수 있게 해준다. 다음 장들에서는 터너, 모네, 쇤베르크, 칸딘스키를 시작으로, 이런 미술의 구성 요소 중 하나 이상에 초점을 맞춘 화가들을 살펴보려 한다.

터너, 추상을 향해 이동하다

세부적인 것들을 환원시킴으로써 구상에서 추상으로 넘어간 최초의 화가 중에 터너도 있었다. 그는 영국의 위대한 화가였다. 1795년

그림5.1 터너, 〈칼레의 부두〉, 1803년.

에 태어나서, 젊을 때 몇몇 건축가 밑에서 일했다. 그의 초기 스케치 중에는 건축가 관점에서 연습용으로 그린 것들이 많았다. 열네 살이라는 아주 어린 나이에 그는 왕립미술아카데미에서 운영하는 미술학교에 들어갔다. 다음 해에 그는 아카데미 회원이 되었다. 그는 육지와 바다의 풍경화를 그리기 시작했고, 지금은 풍경화를 역사화와 동일한 반열에 올려놓는 데 가장 중요한 기여를 한 화가라고 인정받고 있다.

터너는 해양화의 대가였다. 그는 자연의 힘을 아주 세밀하게 묘사하는 동시에 장엄한 규모로 표현할 수 있었다. 화가 생활을 시작한 지 얼마 되지 않은 1803년, 그는 〈칼레의 부두〉를 그렸다. 감탄이 절로 나올 만한 사실주의적 그림이다. 거친 바다에 배 몇 척이 떠 있는 모

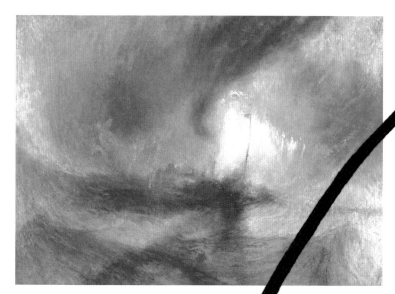

그림5.2 터너, 〈눈보라〉, 1842

습을 빛, 그림자, 원근법을 극적으로 사용해 세세한 부분까지 꼼꼼하게 주의를 기울여서 묘사하고 있다. 바람에 팽팽하게 부푼 돛, 폭풍우를 머금은 짙은 구름 앞을 나는 흰 갈매기, 파도와 구름과 수평선, 돛, 선원 등 모든 것이 세밀하고도 뚜렷하게 묘사되어 있다.

40년 뒤인 1842년, 60대 후반에 들어선 터너는 다시금 비슷한 주제를 담은 그림을 그렸다. 〈눈보라〉였다. 그보다 7년 전에 그는 유럽 각국을 여행하면서 독일, 덴마크, 네덜란드, 보헤미아를 방문했다. 몇 년 뒤에는 이탈리아로 가서 베네치아도 들렀다. 그는 각국의 물에서 피어나는 빛과 안개가 시각 경관에 어떻게 영향을 미치는지 연구했다.

〈눈보라〉에는 구상적 요소들이 사실상 존재하지 않을 정도까지 줄어들었다. 윤곽이 뚜렷한 구름, 하늘, 파도도 모두 사라졌다. 배는 돛대의 선만으로 간신히 알아볼 수 있다. 바다와 하늘도 거의 구분이 안 될 정도다. 하지만 감상자는 소용돌이치는 어둠과 빛의 강렬한 배치 속에서 까마득히 치솟은 파도, 세차게 휘몰아치는 바람, 배에 억수같이 쏟아지는 비를 알아본다. 명확히 정의된 형상들을 쓰지 않은 채 자연의 압도적인 위력을 전달함으로써, 그는 〈칼레의 부두〉에서 했던 것보다 〈눈보라〉를 통해 더욱 강한 감정 반응을 환기시킨다. 터너에게 감탄해 마지않았던 영국의 문학평론가이자 철학자, 화가였던 윌리엄 해즐릿(1778~1830)은 터너의 후기 작품에 대해 "형상이 전혀 없이", "분위기"로 압도한다고 평했다.

터너가 놀라운 〈눈보라〉를 그리고 있을 무렵, 사진술은 세계의 모습을 포착해 2차원 표면으로 전환하는 능력을 혁신하고 있었다. 르네상스 시대에 서양 회화는 점점 더 세계를 사실적으로 묘사하는 쪽으로 진화했다. 조토에서 귀스타브 쿠르베에 이르기까지, 화가들의 실력은 대체로 현실이라는 환상을 창조하는 능력을 통해 평가되었다. 즉 3차원 세계를 2차원 화폭에 담는 능력이 중요했다.

1877년, 달리는 말의 사진 한 점이 등장했다. 네 발굽 모두가 바닥에서 떨어진 순간을 절묘하게 포착한 사진이었다. 이 사진은 회화가 도저히 따라가기 어려운 수준으로 사진술이 현실을 포착할 수 있음을 보여주었다. 그 결과 두 예술 형식 사이의 대화가 이루어졌고, 회화는 에른스트 곰브리치가 묘사 세계의 "유일한 생태적 지위"라고 부른 것을 잃었다. 그러자 회화는 곧바로 다른 지위를 찾아 나섰고, 그중 하나가 바로 추상화였다.

그 와중에 알베르트 아인슈타인이 1905년에 발표한 상대성 이론이 대중매체에서 다루어지기 시작하고 있었다. 그 이론은 시간과 공간이 절대적이라는 개념에 도전했고, 궁극적으로 대중의 사고에 강한 영향을 미쳤다. 구상미술의 고전적인 견해에 의문을 품도록 화가들을 부추긴 것도 그중 하나였다. 현실이 더 이상 보이는 것처럼 명확하지 않을 수도 있는데, 회화가 세계를 곧이곧대로 묘사할 필요가 있는가? 우리 자신을 표현하기 위해서 자연을 사실적으로 묘사할 필요가 과연 있을까? 우리를 강렬하게 감동시키는 놀라운 예술 형식인 음악의 창작자들은 자연에서 들리는 소리를 재현하라는 압박을 느끼지 않는다. 이러한 자기 회의에 빠진 화가들은 이윽고 19세기 사진술(그리고 회화)이 할 수 없었던 방식으로 감상자의 경험을 확장시킬 여러 방안들을 시도했다.

터너는 회화를 "모방이라는 지루한 잡일"로부터 해방시킨 최초의 화가 중 한 명이었다. 세나가 그는 상대성 이론이 발표되기 한참 전에 그 일을 해냈다. 터너는 새로운 방법으로 그림을 그려 이 자율성을 획득했다. 더 투명한 기름을 쓰고, 거의 순수한 빛을 떠올리게 하는 반짝거리는 효과의 색을 썼다. 이 두 기법을 잘 활용함으로써 그는 추상을 향해 더 나아갈 수 있었다. 중요한 점은, 회화에서 구상 요소를 제거해도 감상자의 마음에 연상을 불러일으키는 능력이 사라지는 것이 아님을 터너의 작품이 보여준다는 것이다. 뒤에 설명하겠지만, 사실 연상을 불러일으키는 능력이야말로 추상미술이 지닌 힘의 일부다.

모네와 인상파

클로드 모네(1840~1926)는 구상에서 추상으로 나아가는 흐름 속에서 좀더 뒤에 등장한 프랑스 화가다. 그는 복잡성이라는 측면에서 어떤 비슷한 환원을 도모했다. 모네는 초기에 〈풀밭 위의 점심 식사〉처럼 공원에서 점심을 먹는 장면 같은 일련의 구상화를 그렸다. 그 그림들은 앞선 화가인 에두아르 마네가 그린 동명의 그림에 도전하는 한편으로, 그것을 보완하는 성격을 지니고 있었다. 마네의 그림에서는 나체 여성이 옷을 온전히 다 입은 남성 두 명과 공원에서 점심을 먹고 있었다. 마네는 그 그림이 해방과 반항을 의미한다고 했지만, 많은 이들은 그냥 충격적인 장면으로 받아들였을 뿐이었다.

모네의 그림은 마네의 그림보다 더 관습적이었지만, 그럼에도 인물들의 움직임을 포착하는 방식은 놀라웠다. 해당 그림에서 한 여성이 머리를 매만지며 서 있다. 그리고 그 옆에 앉아 있는 남성은 점심 그릇을 놓고 있는 여성 쪽으로 왼팔을 뻗고 있다. 남성의 왼팔과 앉아 있는 여성의 왼팔은 시각적인 연속성을 띠고 있다. 그래서 우리의 시선은 이 거대한 크기(대개 역사화에만 쓰였다)의 놀라운 그림 주위로 원을 그리며 움직이게 된다.

이런 그림들을 완성한 직후인 1870~1880년, 모네는 피에르 오귀스트 르느와르, 알프레드 시슬레, 프레데리크 바지유를 만났다. 그들은 현대 회화 운동을 창시했고, 거기에 카미유 피사로, 폴 세잔, 아르망 기요맹도 합류했다. 이 집단은 야외로 나가 원색, 뭉개진 윤곽, 평면화한 이미지(추상의 출현으로 나아가는 초기 단계 세 가지)를 써서, 하루가

그림5.3 클로드 모네, 〈풀밭 위의 점심 식사〉(오른쪽 부분), 1865~1866년.

그림5.4 클로드 모네, 〈인상, 해돋이〉, 1872년.

흐르는 동안 빛의 성질이 변하는 양상을 포착하는 데 역점을 두었다. 이 회화 운동을 가리키는 데 쓰인 인상주의Impressionism라는 용어는 모네의 그림 〈인상, 해돋이〉에서 유래했다. 그 용어는 자연 경관이 화가에게 미치는 효과와 그림이 감상자에게 미치는 효과를 잘 전달한다.

〈인상, 해돋이〉는 안개 낀 르아브르 항구의 해돋이 장면을 그려낸다. 충실하게 사실적으로 묘사하기보다는, 감상자가 해당 장면을 느낄 수 있도록 느슨한 붓질을 고안하여 묘사했다. 평론가 루이 르루아는 파리의 한 신문에 이 작품이 미완성이라고 신랄하게 평했다.

"유치한 수준의 벽지가 이 바다 그림보다는 더 완성도가 높다".[1]

모네를 비롯한 인상파 화가들은 어느 정도는 터너의 영향을 받아서, 선과 윤곽보다는 자유롭게 붓질한 색상으로 그림을 구성했다. 그 결과 인상파 미술은 전반적으로 추상미술의 출현에 지대한 영향을 미쳤다.

모네는 더 나아가 다른 몇몇 '연작' 그림늘도 그렸다. 하루의 다양한 시점에 건초 더미와 성당을 묘사한 그림들이었다. 그는 구상 이미지가 빛의 조건에 따라서 어떻게 변하는지를 보여주고자 했다. 모네는 새로운 합성 유성 물감을 제한된 색상만 사용했고, 이를 튜브에서 곧바로 짜서 캔버스 위에서 색을 섞었다.

1896년 모네는 백내장이 심해지기 시작해 시력을 잃어갔다. 그런 상황에서 그는 마지막 연작을 그리기 시작했다. 그의 가장 잘 알려진 작품, 수련 유화 250점이었다. 이 작품들은 지베르니에 있는 모네의 집에서 1890~1920년에 그려졌다. 지베르니는 그가 수련 정원을 조성하고 일본 양식의 나무다리를 놓은 곳이었다.

그림5.5 클로드 모네, 〈수련 연못〉, 1904년.

시간이 흐르면서 그림은 점점 더 추상적인 요소들을 취하기 시작했다. 그리하여 감상자는 생각에 잠기고 작품을 유심히 살피게 된다. 모네의 시력 장애가 이런 그의 그림에 영향을 미쳤는지 여부는 알 수 없다. 하지만 세부묘사를 줄이도록 이끌었을 가능성이 높다. 1923년 그는 친구 베르넹죈에게 이렇게 썼다. "시력이 나빠져서 모든 것이 완전히 안개에 잠긴 것처럼 보여. 언제나 너무나 아름답지."

제1차 세계대전을 끝내는 휴전 협정이 이루어진 다음 날인 1918년 11월 12일, 모네는 프랑스 정부로부터 "평화를 기념할" 대형 작품을 그려달라는 의뢰를 받았다. 1926년 그가 86세를 일기로 세상을 떠난 직후, 프랑스 정부는 파리 루브르 인근의 오랑주리미술관에 타원형의 전시실 두 곳을 조성했고, 그곳에 모네의 수련 벽화 여덟 점이 영구히 자리 잡았다.

앉아서 감상하면서 생각에 잠길 수 있도록 의자가 마련된 이 전시실은 거의 언제나 사람들로 가득하다. 작품의 대담한 붓질, 화려한 색깔, 풍부한 질감에 매료된 사람들이다. 벽화들에는 대개 하늘이 보이지 않으며, 수련 연못만이 한없이 펼쳐져 있다. 이 놀라운 작품들은 모호함과 아름다움으로 가득하다. 우리는 이 그림들에서 변화가 시작되는 것을 본다. 그 변화란 바로, '화가와 대상' 사이의 대화에서 '화가와 화폭' 사이의 대화로 옮겨가는 것을 말한다. 잭슨 폴록을 만날 때 다시 이 대화로 돌아가기로 하자.

우리는 터너의 그림과 마찬가지로, 모네의 그림에서도 추상을 향한 움직임이 그 자체로 마법을 발휘하고 있는 것을 본다. 그리고 추상미술이 구상미술보다 더 영감을 불어넣을 수 있음을 알게 된다.

최초의 진정한 추상 이미지

화가들은 추상으로 옮겨가기 시작할 때, 미술과 음악 사이의 유사점을 알아차리기 시작했다. 음악은 구체적인 내용물이 전혀 없고 소리와 시간의 분할이라는 추상적 요소를 쓰지만, 우리에게 강렬한 감동을 준다. 그렇다면 회화는 왜 굳이 내용물을 지녀야 할까? 프랑스 시인 샤를 보들레르는 이 의문을 파고들었다. 그는 산문시라는 새로운 양식을 개척해《악의 꽃》이라는 유명한 시집을 냈다. 현대적인 삶에서 아름다움의 변화하는 특성을 묘사한 작품이다. 보들레르는 설령 우리의 감각 하나하나가 한정된 범위의 자극에 반응한다고 할지라도, 모든 감각들이 더 깊은 심미적 차원에서 연결되어 있다고 주장했다. 이런 맥락에서, 최초의 진정한 추상화를 그린 사람이 추상음악의 선구자인 아르놀트 쇤베르크라는 사실은 유달리 흥미롭다.

현대미술의 역사에서 흔히 언급되곤 하는 한 가지 일화가 있다. 러시아 화가이자 미술 이론가인 바실리 칸딘스키(1866~1944)가 구상화를 포기하려고 시도했지만, 1911년 1월 1일이 되어서야 비로소 그것에 완전히 성공을 거두었다는 것이다. 바로 그날, 그는 뮌헨에서 열린 신년 음악회에 참석했다가 쇤베르크가 작곡한 〈현악 사중주 2번〉(1906)과 〈피아노를 위한 세 개의 소품, 11번〉(1909)을 들었다. 2차 빈 음악파를 결성한 것으로 잘 알려진 작곡가 쇤베르크(1874~1951)는, 중심이 되는 음이 아예 없고 오로지 음색과 음조의 변화만을 지닌 새로운 화성 개념을 도입했다.

무조성atonality이라고 하는 이 혁신적인 성격을 띤 작품을 듣는 순간

칸딘스키는 전율했다. 그 음악은 예술의 관습(고전 음악에서의 중심 음이라는 개념)을 거부하고 더 추상적인 접근법을 창조할 수 있다는 것을 보여주었다.

그리하여 칸딘스키는 자연을 재현하는 화가의 관습을 떨쳐버리고 구상의 마지막 흔적을 내쳤다. 〈교회가 있는 무르나우 1〉(그림 5.6)에서 그는 밝은 색깔을 쓰면서 교회의 윤곽을 모호하게 그렸다. 1911년 그는 〈구성을 위한 스케치 V〉(그림5.7)를 완성했다. 자연에 있는 어떤 것(그때까지 미술이 중점을 두었던 것)과도, 알아볼 수 있는 어떤 대상과도 관련이 없는 작품이었다. 흔히 이 작품을 최초의 추상화, 서양미술의 정전이 된 역사적 작품이라고 여긴다.

칸딘스키가 추상을 받아들였음에도 그의 그림이 지닌 마법이나 감상자의 참여도는 결코 줄어들지 않는다. 사실 〈구성을 위한 스케치 V〉의 추상 요소들은 〈교회가 있는 무르나우 1〉의 구상 요소들보다 보는 이의 눈과 마음에 더 큰 도전 과제를 안겨주며, 감상자의 상상력을 더욱 많이 요구한다.

칸딘스키는 시각미술의 두 주요 양식에 영향을 받았다. 인상파와 입체파다. 인상파 화가들은 자신이 보는 것을 정확히 재현할 필요가 없다는 것을 깨달았다. 대신에 그들은 자신이 느끼는 것, 자신의 마음 상태를 전달했다. 입체파 화가들은 페르낭 레제의 〈숲속의 누드〉(1909)와 조르주 브라크의 〈메트로놈이 있는 정물화〉(1909)를 시작으로 이 깨달음을 한 단계 더 밀고 나갔다.[2] 세잔처럼 레제와 브라크도 그림에서 원근법을 제거했고 때로 각기 다른 방향에서 본 모습을 한 그림에 담곤 했다. 추상 개념의 선구자인 칸딘스키는 색, 기호, 상징

그림5.6 바실리 칸딘스키, 〈교회가 있는 무르나우 1〉, 1910년.

그림5.7 바실리 칸딘스키, 〈구성을 위한 스케치 V〉, 1911년.

으로 추상적 형태를 표현한 최초의 화가였다. 그는 감상자가 기호, 상징, 색깔을 기억에서 떠올린 이미지, 생각, 사건, 감정과 연관지을 것임을 직관적으로 깨달았다.

세잔의 작품과 입체파의 작품에 영감을 얻어서, 칸딘스키는 1910년 〈예술에서 정신적인 것에 관하여〉라는 매우 선견지명이 엿보이는 논문을 썼다. 이어서 1926년에는 《점, 선, 면》이라는 두 번째 책을 내놓았다. 이 글들에서 그는 화가가 선, 색, 빛을 강조함으로써, 따라서 추상을 체계화하는 데 도움을 줌으로써 미술의 요소들을 더 객관적으로 만들 수 있다고 지적했다. 더 나아가 그의 저술들은 추상미술에 철학적 토대를 제공했다. 칸딘스키는 음악처럼 미술도 대상을 재현할 필요가 없다고 주장했다. 인간 정신과 영혼의 숭고한 측면들은 추상을 통해서만 표현될 수 있다는 것이었다. 음악이 듣는 이의 심금을 울리듯이, 그림의 형태와 색은 보는 이의 마음에 감동을 주어야 한다.

추상의 역사에서 좀 덜 알려진 사실이 하나 있다. 바로 음악의 위대한 혁신가였던 쇤베르크가 사실상 칸딘스키보다도 한 해 전에 추상화에서도 혁신을 이루었다는 점이다.[3] 칸딘스키 같은 선구자들이 풍경화를 통해 추상에 접근했다면, 재능 있는 독창적인 화가인 쇤베르크는 초상화를 통해 추상에 접근했다. 이 접근법은 20세기 중반에 빌럼 데 쿠닝의 작품을 통해서야 다시금 나타난다.

쇤베르크는 1909년 표현주의 초상화를 그리기 시작했다가, 곧 더욱 추상적인 형태로 빠르게 나아갔다. 그는 이 추상적인 그림들을 "전망vision"이라고 했다. 1910년작 〈붉은 응시〉와 〈생각〉은 보는 이에게 그의 의도를 해석하라는 도전 과제를 안겨준다. 이때의 해석은 감

그림5.8 아르놀트 쇤베르크, 〈자화상〉, 1910년.

상자 자신의 상상에 심하게 의존해야 한다. 이 환원주의 접근법은 피터르 몬드리안, 데 쿠닝, 폴록, 마크 로스코, 모리스 루이스의 작품을 통해서 점점 더 추상적이고 체계적인 양상을 띠어갔다. 그들의 그림은 감상자의 참여를 줄이기는커녕 더욱 이끌어낸다.

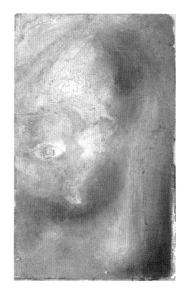

그림5.9 아르놀트 쇤베르크, 〈응시〉, 1910년경.

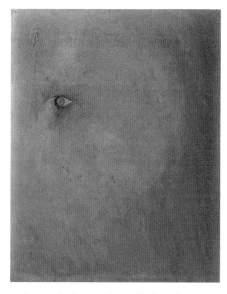

그림5.10 아르놀트 쇤베르크, 〈붉은 응시〉, 1910년.

그림5.11 아르놀트 쇤베르크, 〈생각〉, 1910년경.

| 몬드리안의 과격한 환원 |

아마 초기 추상화가들 중에서 가장 급진적인 환원론자는 네덜란드 화가 피터르 몬드리안(1872~1944)일 것이다. 그는 순수한 선과 색만으로 이미지를 창조한 최초의 화가였다. 몬드리안은 1892년 20세에 암스테르담의 미술아카데미에 들어갔다. 그 다음해에 첫 전시회를 열었다. 그는 나중에 파리로 갔다가 1938년에 그곳을 떠나 런던에 잠시 머물렀다. 그후 1940년에 뉴욕으로 이주해 그곳에서 뉴욕학파의 화가들을 만났다.

터너, 쇤베르크, 칸딘스키처럼 몬드리안도 처음에는 구상화가였다. 그는 네덜란드의 가장 유명한 현대 화가인 빈센트 반 고흐의 영향을 받아서 풍경화, 농장, 풍차를 그렸다. 〈헤인의 풍차〉와 〈울레 인근의 숲〉 같은 초기의 그림들을 보면 그림 솜씨가 뛰어나다는 것이 잘 드러난다.

몬드리안은 1911년 암스테르담에서 파블로 피카소와 조르주 브라

그림6.1 피터르 몬드리안, 〈해질녘의 풍차와 밝게 반사된 색깔〉, 1907~1908년.

그림6.2 피터르 몬드리안, 〈올레 인근의 숲〉, 1908년.

그림6.3 피터르 몬드리안, 〈나무〉, 1912년.

크의 입체파 작품 전시회를 본 뒤, 파리로 갔다. 그곳에서 그는 분석
적 입체파 양식의 그림을 그리기 시작했다.[1] 몬드리안도 피카소와 브
라크처럼, 폴 세잔이 제시하여 많은 영향을 끼친 개념을 탐구했다. 세
잔은 모든 자연 형상이 정육면체, 원뿔, 구라는 세 가지 원형으로 환
원될 수 있다는 개념을 내놓아 분석적 입체파에 큰 영향을 끼쳤다.[2]
몬드리안은 분석적 입체파의 그 조형 요소들을 받아들이고, 입체
파 화가들이 쓰는 기하학적 모양과 서로 얽힌 평면을 모방하기 시작
했다. 그는 나무 같은 특정한 대상을 몇 개의 선으로 환원한 다음, 그
선들을 주변 공간과 연결했다(그림6.3). 그 결과 나뭇가지들이 주변과
뒤엉킨 양상을 띠었다. 하지만 입체파 작품이 단순한 모양들을 조각
난 공간이라는 복잡한 영역에 다양하게 배치한 반면, 몬드리안의 미
술은 더 환원주의적이 되었다. 그는 원근 감각을 아예 제거해, 형상을

그림6.4 피터르 몬드리안, 〈구성 II 선과 색〉, 1913년.

가장 원초적인 형태로 줄였다.

몬드리안은 형상의 보편적인 측면을 탐색하다가, 직선과 최소한의 색으로 구성된 전혀 재현적이지 않은 그림으로 나아갔다(그림6.4). 그러면서 그는 자연에 있는 그 어떤 형상도 참조하지 않은, 나름의 의미를 지닌 단순한 기하학적 형상에 토대를 둔 새로운 미술 언어를 체계적으로 개발하는 데 성공했다. 역설적이게도 몬드리안은 자신이 자연과 우주를 지배하는 신비한 에너지의 본질이라고 여기는 것을 보존하는 데 이 환원주의 접근법을 썼다. 자신이 지각한 한 이미지의 본질을 구성하고 내용물로부터 해방시킴으로써, 그는 감상자가 그 이미지에 대한 나름의 지각을 구성할 수 있게 해준다.

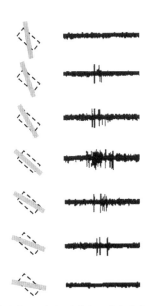

그림6.5 1차 시각 피질의 신경세포는 수용 영역의 특정한 방향과 일치하는 선분에 선택적으로 반응한다. 예를 들어 이 세포는 10시에서 4시 방향(점선으로 그린 윤곽)으로 놓인 빗금에 가장 격렬하게 반응한다. 이 선택성은 뇌가 대상의 형상을 분석하는 첫 단계.

1959년 뇌과학자들은 몬드리안의 화원주의 어어를 뒷받침할 중요한 생물학적 토대를 발견했다. 처음에 존스홉킨스대학교에서 일하다가 나중에 하버드대학교로 옮긴 데이비드 허블과 토르스텐 비셀은 뇌 1차 시각 피질의 각 신경세포가 특정한 방향(수직, 수평, 빗금 등)으로 놓인 단순한 선과 모서리에 반응한다는 것을 발견했다(그림6.5). 이 선들은 형상과 윤곽의 구성단위다. 궁극적으로 뇌의 고등한 영역들은 이 모서리와 각을 기하학적 모양으로 조립하며, 그것이 바로 뇌에서 표상되는 심상이 된다. 제키는 이런 생리학적 발견을 다음과 같이 설명한다.

우리의 탐구와 결론은 몬드리안을 비롯한 화가들이 내린 결론과 어떤 의미에서 다르지 않다. 몬드리안은 다른 모든 더 복잡한 형상들의 구성단위가 되는 보편적인 형상이 직선이라고 생각했다. 생리학자들은 적어도 몬드리안 같은 일부 화가들이 보편적인 형상이라고 생각하는 것에 콕 찍어서 반응하는 세포가 있음을 알아냈다. 그리고 그들은 신경계가 더 복잡한 형상을 표상하도록 하는 구성단위가 바로 이 세포들이라고 생각한다. 나는 시각 피질의 생리학과 화가의 창작 사이의 관계가 전적으로 우연이라고는 믿기 어렵다.[3]

허블과 비셀은 세포가 특정한 방향 축을 지닌 선형 자극에 반응한다는 것을 발견했다. 이 발견으로 몬드리안의 작품에 대한 우리의 반응을 어느 정도는 설명할 수 있을지 모른다. 하지만 몬드리안이 빗금을 배제하고 수직선과 수평선에만 초점을 맞춘 이유를 설명하지는 못한다. 수직선과 수평선은 몬드리안에게 두 상반되는 생명력을 대변했다. 긍정적인 힘과 부정적인 힘, 동적인 힘과 정적인 힘, 남성적인 힘과 여성적인 힘이었다. 이 환원주의적 전망은 그의 작품이 진화하는 양상에도 반영되어 있다. 아마 몬드리안도 특정한 각도를 배제하고 다른 각도에만 초점을 맞춤으로써, 생략된 것에 대한 감상자의 호기심과 상상을 자극할 수도 있다는 점을 은연중에 깨달았을 것이다.

록펠러대학교의 찰스 길버트가 지적했듯이,[4] 몬드리안의 선형 그림은 중간 수준의 시각 처리를 불러낼 가능성이 높다. 즉, 1차 시각 피질에서 일어나는 처리 말이다. 앞서 살펴봤듯이, 중간 수준의 처

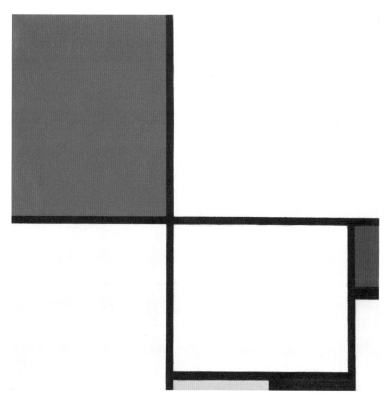

그림6.6 피터르 몬드리안, 〈구성 III, 빨강, 파랑, 노랑, 검정〉, 1929년.

리에서는 어느 표면과 경계가 대상에 속하고 배경에 속하는지를 결정함으로써 대상의 모양을 분석한다. 통일된 시야를 생성하는 첫 단계다.[5] 또한 몬드리안의 그림은 하향 처리의 대상이기도 하다. 하향 처리를 통해 다른 미술 작품과 화가들을 해당 작품과 관련짓는다.

선은 몬드리안의 뒤를 따른 많은 현대 화가들의 작품에서 두드러진 역할을 한다. 프레드 샌드백과 바넷 뉴먼이 그렇고, 그보다 덜하긴 하지만 엘스워스 켈리와 애드 라인하트도 그렇다. 화가들이 기하학

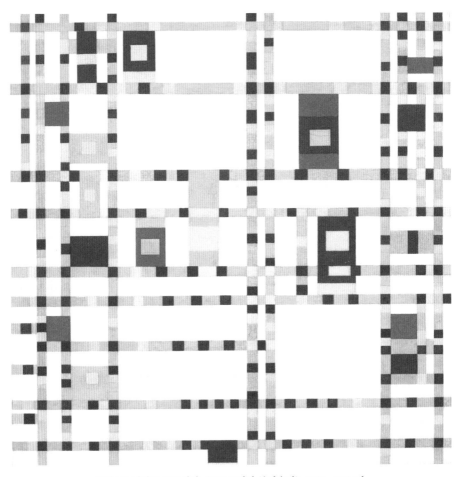

그림6.7 피터르 몬드리안, 〈브로드웨이 부기우기〉, 1942~1943년.

에 관심이 있거나 기하학을 잘 알아서 이렇게 선을 강조하는 태도를 지니게 된 것은 아니다. 오히려 그들이 세잔의 선례를 따라서 시각 세계의 복잡한 형상들을 본질적인 것으로 환원시키려 애쓴 결과일 것이다. 그들은 르네상스 화가들이 원근법에 대해 그러했듯이, 형상의 본질과 우리 뇌가 형상을 규정하는 데 쓰는 규칙들을 추론하려고 노력했다.

몬드리안은 1920년대 말부터 1944년 사망할 때까지, 후기 작품들에서 '색'에도 동일한 급진적인 환원주의적 방식을 적용했다. 그는 검은 수직선과 수평선으로 나눈 하얀 화폭에 단 세 가지의 원색(빨강, 노랑, 파랑)만을 썼다. 이 후기 그림들에서 형태와 색의 환원은 운동 감각을 빚어낸다. 이 점은 〈브로드웨이 부기우기〉에서 아마 가장 두드러질 것이다. 이 그림을 보고 있으면, 부기우기 박자를 거의 느낄 수 있다. 우리 눈은 하나의 빨강, 파랑, 노랑 색깔 블록에서 다른 블록으로 갠비스를 이리지리 옮겨 다니게 된다. 로버타 스미스가 2015년 지적했듯이, 몬드리안 채색화의 약동하는 특성(그 전체성)에는 잭슨 폴록의 드립페인팅drip painting(붓을 사용하지 않고 물감을 떨어뜨려 그린 그림 — 옮긴이)에서 마주치게 될 끊임없는 경이감과 운동감이 예고되어 있다.

몬드리안은 비록 주기적으로 구상 작품을 계속 그리기는 했지만, 기본 형상과 색깔을 사용함으로써 '모든 예술에 내재한 보편적인 조화'라는 자신의 이상을 표현할 수 있다고 느꼈다. 그는 현대미술에 대한 자신의 영적인 전망이 문화의 각 분야들을 초월할 것이라고 믿었다. 그리고 자신의 화폭에 담긴 '순수한 원색' '형상의 평면성' '역동적인 긴장'에 토대를 둔 그 전망이 공통의 국제 언어가 될 것이라고 믿었다.

1920년대 초에 몬드리안은 자신의 미술과 영적 관심사를 융합해, 재현 회화와의 완전한 결별을 알리는 이론을 내놓았다(〈회화에서의 신조형주의〉 발표). 여기서 몬드리안이 자신의 작품을 기술한 대목은 미술에서의 환원주의 접근법을 천명하는 일반 선언문 역할을 한다.

나는 일반적인 아름다움을 극도로 의식하면서 표현하기 위해, 평면에 선과 색의 조합을 구성한다. 자연(즉, 내가 보는 자연)은 여느 화가들에게 그러하듯이, 내게 영감을 주고 무언가를 그리고픈 충동을 불러일으키는 감정 상태에 놓는다. 하지만 나는 만물의 토대(아직은 외부 토대일 뿐인!)에 다다를 때까지, 자연으로부터 모든 것을 추출하고 진리에 가능한 한 가까이 다가가고 싶다.[6]

| 뉴욕학파의 화가들 |

뉴욕학파의 화가들은 양식 면에서는 다양했지만 하나의 공통점이 있었다. 새로운 추상 형식을 개발하고 그것을 사용해 미술을 창조하는 데 관심을 가졌다는 것이다. 그들은 이를 통해 감상자의 감정과 표현에 강한 충격을 주고자 했다. 그들 중 상당수는 미술이 무의식에서 나와야 한다는 초현실주의의 이상에 영감을 얻었다.

이 새로운 미술인 추상표현주의로 향하는 길에 앞장선 사람은 빌럼 데 쿠닝, 잭슨 폴록, 마크 로스코였다. 비록 그들은 대체로 구상을 버렸지만, 각자는 원래 구상미술가로 시작했고 그 경험으로부터 많은 것을 배웠다. 그리고 감상자인 우리는 이들 각 화가의 경로를 관찰함으로써 미술에 환원주의 접근법이 어떻게 적용되는지를 꽤 많이 알아낼 수 있다. 그들은 각자 나름의 독특하고 까다로운 방식으로 구상에서 추상으로 나아갔다. 그 경로를 과연 어떻게 개척했을까?

미술평론가 클레먼트 그린버그는 추상표현주의 화가들을 두 집단으로 나누었다.[1] 행위화가gestural painter인 데 쿠닝과 폴록, 색면화가color-field painter인 로스코, 모리스 루이스, 바넷 뉴먼이다. 하지만 미술사학자 로버트 로젠블룸은 이러한 구분보다는 해당 화가들이 공통의 숭고한 목적을 추구했다는 점이 더 중요하다고 지적한다.[2]

행위화가들은 몹시 탐구적인 자세로 자신의 미술을 검토한 끝에 구상을 포기하기에 이르렀다. 피터르 몬드리안이 했던 것과 비슷했다. 그런 의미에서 데 쿠닝과 폴록은 환원주의자이기도 했다. 하지만 몬드리안이나 색면화가들과 달리, 데 쿠닝과 폴록이 내놓은 최종 산물은 자주 고도로 복잡한 양상을 띠곤 했다. 구상을 환원하면서 이것을 화가 특유의 풍부한 배경과 결합했기 때문이다.

데 쿠닝의 율동하는 선

빌럼 데 쿠닝은 1904년 네덜란드에서 태어났고, 1926년 미국에 정착했다. 그는 로테르담예술학교에서 8년 동안 미술을 공부했다. 그래서 뉴욕학파의 다른 창시자들과 달리, 그는 현대 유럽의 감수성을 미국 경관에 들여놓았다.

1940년 데 쿠닝은 표현주의와 추상 성향을 결합한 구상 형식의 그림을 그리기 시작했다. 주로 여성을 그렸는데, 〈앉아 있는 여인〉은 그 양식이 잘 드러난 작품이다. 1940년대 말과 1950년대 초에 그의 작품은 더 추상적인 경향을 띠게 되었고, 그는 여성의 모습(늘 그의 예술적 상상의 초점이었다)을 추상적인 기하학 형상으로 환원시켰다. 〈장밋빛 천사들〉이 대표적이다.

이 시기의 단초를 보여주는 데 쿠닝의 중요한 작품 두 점이 있다. 〈발굴〉과 〈여성 I〉이다. 1950년에 그린 〈발굴〉은 일반적으로 20세기의 가장 중요한 작품 중 하나로 여겨진다. 데 쿠닝의 전기작가인 마크 스티븐스와 애널린 스완은 그가 미국의 세기가 도래했다는 흥분에 사로잡혔고 이 기회를 놓치지 말아야 한다고 느꼈다고 말한다.[3]

> 〈발굴〉은 무엇보다도 욕망의 발굴을 의미했다. 이 그림에서 몸은 계속 환기시키듯이 언뜻언뜻 드러나곤 하지만, 결코 오랫동안 시선을 사로잡지 못한다. 즉 결코 완전히 소유할 수가 없는 몸이다. 몸이 좀 더 차분하게 묘사되었다면, 손의 애무나 심장의 쿵쿵거림 같은 욕망의 핵심적인 부분이기도 한 신체 운동 감각이 줄어들었을 것이다.

수십 년 동안 유럽의 화법은 고전적인 절제와 표현주의적 충동 사이, 합리성과 비합리성 사이를 오갔다. 특히 입체파와 초현실주의 사이를 오락가락했다. 데 쿠닝은 입체파가 공간을 조직하는 방식뿐 아니라, 그림을 구성하는 방식 면에서도 뛰어나다고 보았다. 데 쿠닝은 자신이 유럽에서 어떤 유산을 물려받았는지를 예리하게 의식하고 있었고, 화가로서 입체파와 초현실주의 화가들이 이룬 성취를 잘 이해하고 있었다. 입체파 화가들은 세잔으로 거슬러 올라가는 전통을 대변한 반면, 초현실주의자들은 과거에 집착하기보다는 사적인 꿈을 버팀목으로 삼았다.

〈발굴〉에서 데 쿠닝은 진리에 대한 이 현대적인 주장 두 가지를 종

그림7.1 빌럼 데 쿠닝, 〈발굴〉, 1950년.

합하는 위업을 이루었다. 그는 힘차면서도 위엄이 넘치는 양식을 통해, 입체파의 구성에 담긴 엄격한 초연함과 초현실주의가 표현하려한 사적인 충동 및 자발성을 통합했다. 미술사에서 그만큼 역사, 질서, 전통에 그토록 존중을 표하면서 찰나의 자발성을 찬미하는 작품은 거의 없다. 게다가 필자와 대화할 때 페프 카멀이 지적했다시피, 〈발굴〉에서 데 쿠닝은 〈장밋빛 천사들〉에서 보이는 형상과 인물 사이의 구분을 없애고, 화폭 전체에 일관된 무늬가 펼쳐지는 듯하게 모양을 반복해 그려넣었다.

데 쿠닝은 입체파와 초현실주의를 종합했을 뿐 아니라, 미국적 특색까지 진하게 불어넣었다. 〈발굴〉은 급하면서 약동하는 분위기를 풍긴다. 아마도 몬드리안의 〈브로드웨이 부기우기〉(그림6.7)를 제외하면, 도시의 바삐 돌아가는 분위기를 이만큼 잘 전달하는 그림은 없을 것이다. 율동적인 선들에 힘입어서 감상자는 눈을 끊임없이 멈추었다가 휙 옮기고, 빠르게 방향을 틀고, 갑작스럽게 탁 트인 공간으로 향하게 된다. 그러면서 크게 휘어지는 붓질과 스치듯이 언뜻언뜻 구상적인 형상이 엿보이는 지점들을 빠르게 또는 느리게 훑게 된다. 색깔은 속이듯이 우리 눈을 스쳐 지나가다가 사라진다. 〈발굴〉은 뉴욕시의 현대 생활을 대단히 추상적인 방식으로 표현한 개인적인 즉흥 연주다.

1950년대 초에 그린 그의 두 번째로 중요한 작품인 〈여성 I〉에서 데 쿠닝은 추상 속에 요염하고 풍만한 여성을 묘사했다. 이 작품을 통해 그의 구상화는 새로운 방향으로 나아갔다. 〈여성 I〉은 이를 드러내고 웃는 얼굴, 하이힐, 노란 드레스 차림의 당시 미국 여성을 염두

그림7.2 빌럼 데 쿠닝, 〈여성 I〉, 1950~1952년.

에 둔 것이 분명하다. 적어도 어느 정도는 마릴린 먼로를 염두에 두고 그린 듯하다.[4] 〈여성 I〉은 큰 소동을 일으켰다. 예술사학자 베르너 슈피스는 〈여성 I〉이 이상적인 여성이 아니라 성적으로 넘볼 수 있는 여성을 감상자에게 정면으로 보여줬다면서, 당대의 사회적 규범에 도전한 그림인 마네의 〈올랭피아〉가 일으킨 추문만이 이 소동의 규모에 비견될 수 있다고 했다.[5]

현재 〈여성 I〉은 미술 역사상 가장 불안을 자극하고 불편한 느낌을 일으키는 이미지 중 하나라고 여겨진다. 학대하는 어머니 밑에서 자란 데 쿠닝은 이 그림에서 영원한 여성의 다면적인 모습을 포착해 낸다. 다산성, 모성, 공격적인 성욕, 야만성이 그것이다. 여성은 원초적인 대지의 어머니이자 팜 파탈이다. 송곳니 같은 치아, 거대한 가슴

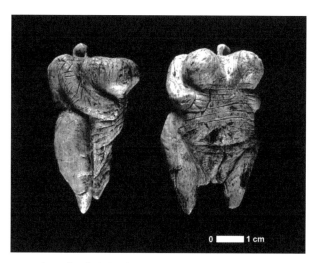

그림7.3 최초의 여성 조각상, 홀레펠스의 비너스Venus of Hohle Fels,
기원전 3만 5,000년경.

모양에 상응하는 커다란 눈. 데 쿠닝은 이 두드러진 이미지를 통해 여
성의 새로운 종합을 이루었다.

〈여성 I〉을 다산성을 상징하는 가장 오래된 조각상과 여성의 에로
티시즘을 현대적으로 표현한 클림트의 작품과 비교하는 것도 흥미
롭다. 홀레펠스의 비너스는 다산의 여신이라고 여겨지는데, 기원전
약 3만 5,000년에 매머드의 엄니를 깎아서 만든 것이다. 얼굴은 없으
며, 여성의 모습이 다소 투박하게 과장되어 표현되어 있다. 음부, 젖
가슴, 배가 도드라져 있는데, 이는 생식력과 임신을 강력하게 연상시
킨다. 〈여성 I〉에서도 이런 과장된 요소들 일부가 보이지만, 홀레펠스
의 비너스에는 데 쿠닝의 그림에서 보이는 공격성과 야만성이 빠져
있다.

나중에 서양미술에서도 에로티시즘과 공격성을 융합한 작품이 등

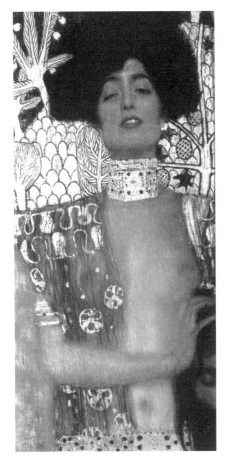

그림7.4 구스타프 클림트, 〈유디트〉, 1901년.

장하기 시작한다. 구스타프 클림트의 유혹적이면서 아름다운 〈유디트〉가 대표적이다. 클림트는 성교 후의 나른함에 빠진 채 홀로페르네스의 머리를 들고 있는 유대인 여성 영웅의 모습을 담고 있다. 그녀는 포위되어 있는 자기 민족을 구하기 위해, 아시리아의 장군에게 술을 먹이고 유혹한 뒤 그의 목을 벤 여성이다. 클림트는 여성도 남성과 마찬가지로 에로티시즘부터 공격성에 이르기까지 다양한 성적 감정을 경험하며, 그런 감정들이 때로 융합된다는 것을 자신의 작품들 전반에 걸쳐서 보여준다. 〈유디트〉와 〈여성 I〉은 차이점이 있기는 해도, 둘 다 상당한 성적인 힘을 드러낸다. 그리고 두 여성이 치아를 드러낸 모습으로 묘사되어 있는 점도 주목할 만하다.

현재 뇌과학자들은 클림트와 데 쿠닝이 묘사한 공격성과 성의 융합을 살펴보고 있다. 감정 행동의 신경생물학을 연구하는 캘리포니아공대의 데이비드 앤더슨은 이런 충돌하는 감정 상태의 생물학적 토대를 발견해왔다.

3장에서 살펴봤듯이, 편도체는 감정을 조율하며 시상하부와 의사소통을 한다(그림3.5). 시상하부에는 육아, 수유, 짝짓기, 공포, 싸움과 같은 본능적 행동을 관장하는 신경세포들이 들어 있다. 앤더슨은 시상하부에서 두 가지의 독특한 신경세포 집단이 들어 있는 핵, 즉 신경세포 덩이리를 발견했다. 힌쪽 집단은 공격성을 조절하고, 디른 쪽 집단은 성교를 담당한다(그림7.5). 이 두 집단의 경계에 놓인 신경세포 약 20퍼센트는 성교를 하거나 공격 행동을 할 때 활성을 띨 수 있다. 이는 이 두 행동을 조절하는 뇌 회로들이 긴밀하게 연결되어 있음을 시사한다.

두 가지의 상호 배타적인 행동, 즉 섹스와 싸움이 어떻게 동일한 신경세포 집단을 통해 매개될 수 있을까? 앤더슨은 그 차이가 자극의 세기에 달려 있음을 알아냈다. 전희 같은 약한 감각 자극은 섹스를 활성화하는 반면, 위험 같은 더 강한 자극은 공격 행동을 활성화한다(그림7.6).

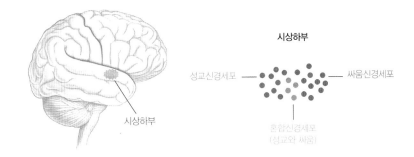

그림7.5 　시상하부에는 서로 접하고 있는 두 신경세포 집단이 있다. 한 집단은 공격 행동 (싸움)을 조절하고, 다른 집단은 성교를 조절한다. 이 두 집단의 경계에 있는 일부 신경세 포(혼합신경세포)는 양쪽 행동을 다 일으킬 수 있다.[6]

그림7.6 　자극의 세기에 따라 어느 신경세포 집단이 활성을 띨지가 결정되고 그에 따라서 행동도 정해진다.

1952년 마이어 샤피로는 데 쿠닝의 화실을 방문했다. 그곳에서 그는 화가가 〈여성 I〉 때문에 괴로워하고 있다는 것을 알았다. 데 쿠닝은 1년 반 동안 그 그림을 그리다가 포기한 상태였다. 데 쿠닝은 그림을 소파 밑에서 끄집어내어 샤피로에게 보여주었다. 미술사학자는 크게 감탄하면서 여러 각도에서 토론을 하여 데 쿠닝에게 그 그림이 대단한 힘을 지닌 작품임을 깨닫게 했다. 이윽고 데 쿠닝은 〈여성 I〉이 완성되어 있을 뿐 아니라 걸작이라는 결론을 내렸다.[7] 데 쿠닝을 가장 위대한 미국 화가이자, 파블로 피카소와 앙리 마티스 다음으로 가장 위대한 20세기 화가라고 여기는 《뉴요커》의 미술평론가 피터 쉘달은 샤피로의 방문이 "역사상 가장 다행스러운 화실 방문"이라고도 했다.[8]

하지만 앞서 데 쿠닝이 〈발굴〉에서 새로운 차원에 도달했다고 생각했던, 그린버그 등의 몇몇 미술평론가들은 〈여성 I〉을 다르게 보았다. 그들은 데 쿠닝이 〈여성 I〉에서 구상 형태로 돌아감으로써 추상을 배신했다고 믿었다. 사실 데 쿠닝은 뉴욕학파 화가들 중에서도 독특했다. 그는 구상에서 추상환원주의로, 그리고 그 반대 방향으로 자유롭게 오갔다. 또 때로는 양쪽 기법을 한 그림에 담기도 했다. 하지만 1970년대에 이르면, 그의 작품은 대부분 완전한 추상 양식을 띠었다.

일부 미술평론가들은 〈여성 I〉이 여성 혐오 관점을 드러낸다고 보기도 한다. 하지만 슈피스 같은 미술평론가들은 〈여성 I〉을 비롯한 1950년대 데 쿠닝의 여성 그림들이 '여성의 원형'을 표현한 것이라고 보았다. 즉, 원시적이고 이국적이며 생식력이 있고 공격적인 모습을 한꺼번에 지닌 여성 말이다. 그렇다면 〈여성 I〉이 기존 관습의 파괴와 혼돈으로부터 새로운 세계를 창조한다는 추상표현주의의 목표를 표현한 시각적 은유라고 생각할 수도 있다.

로젠버그는 데 쿠닝의 작품을 열정적으로 호평했다. 그는 화폭을 행위의 장이라고 보았다. 그가 볼 때 뉴욕학파의 추상표현주의는 하나의 파열, 현대미술의 불연속성을 대변했다. 반면 그린버그는 데 쿠닝이 〈여성 I〉에 인간의 형상을 빚은 조각상의 윤곽이 지닌 힘을 어느 정도 부여했다는 점에서 당대에 가장 앞서 나간 작품 중 하나라고 보았다. 그래서 그린버그는 〈여성 I〉을 다빈치, 미켈란젤로, 라파엘로, 앵그르, 피카소 같은 화가들이 포함된 '장인 정신'이라는 위대한 전통의 일부로 여겼다.[9]

파리에서 활동한 러시아 태생의 유대인 표현주의 화가 생 수틴 (1893~1943)의 영향을 받아서, 데 쿠닝은 자신의 추상화에 질감을 덧붙이기 시작했다. 그래서 감상자는 그림이 더 풍부한 재료로 이루어졌다는 인상과 함께, 그것에서 촉감을 환기시키는 조각품 같은 느낌을 받았다. 이러한 촉각 특성은 〈여성 I〉에서도 뚜렷하지만, 특히 〈메리 거리의 나무 두 그루… 아멘!〉과 〈무제 X〉 같은 나중의 작품들에서 더욱 뚜렷이 드러난다. 촉각 특성은 그림 안에서 빛이 새어나오는 듯한 인상도 더불어 빚어낸다. 또한 추상미술이 색뿐 아니라 질감도 유달리 강조했음을 보여준다. 미술사학자 아서 단토는 데 쿠닝의 말을 인용한다. 데 쿠닝이 티치아노의 견해를 따라서 "살flesh이 유화가 개발된 이유였다"라고 했다는 것이다.[10]

이런 그림들이 추상적 특성을 지니고 있음에도, 나중에 데 쿠닝은

그림7.7 빌럼 데 쿠닝, 〈무제 X〉, 1976년.

자신이 추상에 관심이 없다고 주장했다. 즉, 대상을 취해서 형, 선, 색
으로 환원시키는 일에 관심이 없다는 것이었다. 그가 남들에게 추상
적 형상으로 비치는 것을 그렸던 까닭은, 구성의 환원을 통해 감정
적·개념적 구성 요소를 그림에 더 담을 수 있기 때문이었다. 분노, 고
통, 사랑, 공간에 대한 착상 같은 것들 말이다.

　또 데 쿠닝은 새로운 구성 장치를 창안했다. 폴록이 처음 개발한
액션페인팅을 변형한 것이었다. 〈무제 X〉의 흰색 줄무늬에서 뚜렷이
드러나듯이, 데 쿠닝은 붓질의 '시각적' 속도를 다양하게 한다. 이로
써 눈이 처음에는 이 속도, 다음에는 저 속도로 움직이도록 노련하게
이끈다. 이 모든 장치들은 구상 요소가 없는 상태에서도, 감상자의 눈
과 마음이 화폭의 표면을 탐사하고, 질감을 느끼고, 전경과 배경의 도
발적인 놀이에 참여하도록 자극한다. 그리하여 감정을 풍성하게 환

기시킨다.

미술 작품의 질감에 대한 감상자의 반응을 평가할 때, 미술사학자들이 종종 과소평가해온 것이 있다. 바로 서로 다른 감각으로부터 받은 정보를 종합하는 뇌의 능력이다. 앞서 살펴봤듯이 시각과 촉각은 유달리 긴밀하게 연관되어 있다. 버나드 베런슨은 아마 이를 강조한 최초의 미술사학자였을 것이다. 그는 "회화의 본질이 (…) 촉각적 가치에 관한 의식을 자극하는 것"이며, 따라서 묘사되는 실제 3차원 대상만큼이나 강렬하게 질감과 모서리를 통해 촉각적 상상에 호소한다고 주장한다.[11] 더 나아가 그는 형태의 환원된 요소(부피, 두께, 질감)가 미적 즐거움의 주된 요소라고 말한다. 물론 여기서 베런슨이 말하는 것은 음영이나 원근처럼, 착시를 통해 촉각 감수성을 일으키는 것들이었다. 반면에 데 쿠닝이나 수틴의 작품을 볼 때는 시각적 감각이 그림 자체의 3차원 표면을 통해 촉감, 압력, 쥘힘 등의 감각으로 변형된다.[12] 이렇듯 시각 요소의 추상화는 촉각적 호소력과 결부되어, 우리의 미적 반응을 더욱 풍성하게 만들 수 있다.

폴록과 이젤 그림의 파괴

데 쿠닝은 20세기의 어느 미국 화가보다도 회화의 어휘, 그리고 더 나아가 회화가 무엇인가라는 개념을 바꾸었다.[13] 하지만 그는 결코 구상을 완전히 버리지 않았기 때문에, "진정으로 구상과 결별을 한" 사람이라는 영예는 폴록에게 돌아갔다. 심지어 데 쿠닝 자신도 그렇

그림7.8 잭슨 폴록, 〈서부로 가는 길〉, 1934~1935년.

게 말했다. 폴록은 자신이 당대에 타의 추종을 불허할 만큼 가장 강한 개성을 지닌 사람임을 입증했다. 데 쿠닝이 이렇게 말할 정도였다. "이따금 화가는 그림을 파괴해야 한다. 세잔은 그렇게 했다. 피카소도 입체파를 통해 그렇게 했다. 그리고 폴록도 그렇게 했다. 그는 우리의 회화 개념을 완전히 부숴버렸다. 그러고 나면 새로운 회화가 다시 시작될 수 있다."[14]

잭슨 폴록은 1912년 와이오밍주 코디에서 태어났다. 1930년 그는 형 찰스와 함께 살기 위해 뉴욕시로 이사했다. 형도 화가였다. 폴록은 곧 손꼽히는 미국 지역주의 화가이자 형의 미술 선생이었던 토머스 하트 벤턴과 함께 일하기 시작했다.

화가 생활 초창기에는 폴록도 로스코나 데 쿠닝과 마찬가지로, 표

그림7.9 잭슨 폴록, 〈찻잔〉, 1946년.

현주의 구상화를 그렸다. 벤턴의 영향을 받은 폴록의 초기 양식은 터너의 화풍과 다소 비슷하게 소용돌이무늬가 특징이었다. 그러다가 1939년 폴록은 뉴욕 현대미술관에서 열린 한 전시회에서 피카소의 작품을 접하게 되었다. 입체파 실험을 한 피카소의 작품들에 자극을 받아서 폴록은 나름의 실험을 시작했다. 이 과정에서 그는 스페인의 초현실주의 화가이자 조각가인 호안 미로와 멕시코 화가 디에고 리베라에게도 영향을 받았다.

1940년경 폴록은 이미 추상화로 나아간 상태였고, 구상 요소는 흔적만 남아 있었다. 이 점은 〈찻잔〉에 뚜렷이 드러난다. 원근법을 버리고 구상과 추상 사이에 균형을 잡은 그림이다. 〈찻잔〉이 아름답다고 느껴지고 흥미를 끄는 이유는 각자 의미를 지니면서 서로 의미심장하게 연결되어 있기도 한 상징들(하향 시각 처리를 요구하는)이 그림에 가득하기 때문일 가능성이 높다. 이 그림은 질감이 있지만, 밋밋한 색깔에 검은 선으로 테두리를 두른 영역들도 있다.

폴록은 이런 추상 작품들을 통해 상당한 인지도를 얻은 뒤, 1947년에서 1950년 사이에 새로운 화법을 개발했다. 추상미술을 혁신시킬 기법이었다. 그는 캔버스를 벽에서 떼어내어 바닥에 펼쳤다. 그럼으로써 미국 남서부의 원주민 모래 화가들의 전통을 따른 셈이었다. 그는 와이오밍에 살던 어린 시절에 그들의 전통 작품을 으레 접한 바 있었다.[15] 구상과 기존 화법을 버린 폴록은 새로운 환원적 접근법을 개발했다. 그는 붓만이 아니라 막대기를 써서 캔버스에 물감을 붓고 떨어뜨렸다. 말하자면 캔버스가 아닌 공간에서 그림을 그린 셈이었다. 게다가 그는 모든 지점에서 작업을 할 수 있도록, 캔버스 주위를 돌아다니면서 그렸다. 마지막으로 폴록은 자신의 그림에 제목을 붙이는 것도 그만두고, 그냥 번호만을 붙였다. 감상자가 제목을 보고서 작품에 편견을 갖는 일 없이 나름의 견해를 자유롭게 형성할 수 있도록 하기 위해서였다. 그리는 행위에 초점을 맞춘 이 급진적인 접근법에는 '액션페인팅action painting'이라는 딱 맞는 이름이 붙여졌다.

액션페인팅이라는 용어는 그 창작 과정을 전달하기 위해서 로젠버그가 제시했다.[16] 폴록은 그림을 그리는 행위가 그 자체의 삶을 지니고 있다고 주장하면서, 그것이 펼쳐지도록 시도했다. 그는 이렇게 말했다. "바닥에서 나는 더 편안해지고, 더욱더 그림에 가까워지고 그림의 일부인 양 느낀다. 그렇게 하면 그림의 주변을 걸어다니면서 사방에서 작업을 하고, 말 그대로 그림 '안'에 있을 수 있기 때문이다."[17] 폴록의 액션페인팅은 역동적이고 시각적으로 복잡하며, 그리는 과정에서 엄청난 에너지를 쏟아부어야 했다.

언뜻 보면 폴록의 극도로 복잡한 액션페인팅에서 환원적 요소를 식별하기가 어려울지도 모른다. 하지만 그는 사실 두 가지 중요한 환원주의적 발전을 이루었다. 첫째, 전통적 구도를 버렸다. 그의 작품에는 강조하는 부분도, 알아볼 수 있는 부분도 전혀 없다. 중심 모티프도 없고 우리의 주변시를 부추긴다. 그 결과 우리 눈은 끊임없이 움직인다. 우리 시선은 캔버스의 어느 한곳에 머무르거나 초점을 맞출수가 없다. 이것이 바로 우리가 액션페인팅에서 생명력과 역동성을 지각하는 이유다. 둘째, 폴록의 액션페인팅은 그린버그가 이젤 회화의 "위기"라고 한 것을 도입했다. "이젤 회화, 벽에 거는 옮길 수 있는 그림은 서양의 독특한 산물이며, 다른 지역에는 그에 해당하는 것이 전혀 없다. (⋯) 이젤 그림은 극적인 효과를 일으키기 위한 장식물이 되어 있다. 벽에 난 상자 같은 구멍으로 그 뒤의 광경이 비치는 착시를 일으키며, 그 공간 안에서 통일성을 갖추기 위해 3차원인 양 짜여 있다."[18]

그린버그는 더 나아가 이젤 회화의 본질에 처음으로 위협을 가한 이들이 피카소와 알프레드 시슬레였고, 폴록 같은 화가들이 그 길을 이어서 이젤 회화를 파괴했다고 주장했다.

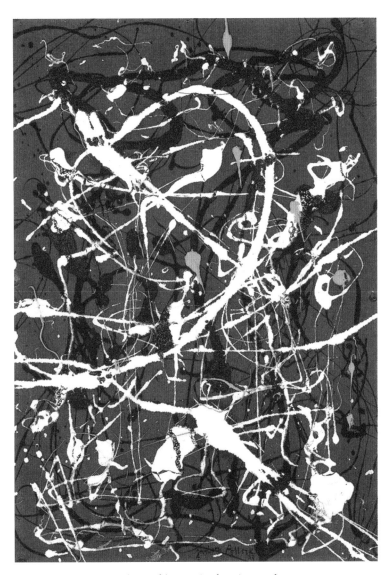

그림7.10 잭슨 폴록, 〈구성 #16〉, 1948년.

"몬드리안 이래로 이젤 그림을 그토록 멀리까지 내쫓은 사람은 없었다."

그들은 반복을 누적해 회화적 이미지를 진정한 질감으로(명백히 순수한 감각으로) 환원한다. 이러한 방식이 그린버그에게는 당대의 감수성에 관해 심오한 무언가를 말하는 것처럼 보였다.

폴록 자신은 드립페인팅을 미술을 향한 환원주의 접근법이라고 여겼다. 그는 구상을 버림으로써 자신의 무의식과 창작 과정에 있던 제약들을 제거한 양 느꼈다. 여러 해 전에 프로이트가 지적했다시피, 무의식의 언어는 "1차 과정primary process" 사고에 지배된다. 그것은 시간이나 공간 감각이 전혀 없고 모순과 불합리한 것을 쉽게 받아들인다는 점에서, 의식적 마음의 2차 과정 사고와 다르다. 폴록은 의식적 형상을 무의식적으로 동기 부여가 된 뿌리기 기법으로 환원시켜, 놀라운 창의성과 독창성을 보여주었다. 1998년 뉴욕 현대미술관에서 폴록 회고전을 열었을 때, 전시 행사를 맡은 큐레이터 커크 바네도는 이렇게 썼다. "폴록은 위대한 제거자로서 찬사를 받아왔다. (…) 하지만 최고의 현대미술이 그렇듯이, 폴록의 미술도 엄청난 생성력과 재생력을 지닌다."[19]

폴록은 시각적 뇌가 패턴 인식 장치라는 것을 직관적으로 이해했던 것 같다. 뇌는 자신이 받는 입력으로부터 의미 있는 패턴을 추출하는 전문가다. 입력이 극도로 혼란스러울 때도 그렇다. 이 심리적 현상을 파레이돌리아pareidolia라고 한다. 모호한 무작위 자극을 의미 있는 것으로 지각하는 현상이다. 다빈치는 자신의 공책에 이 능력에 대해 이렇게 썼다.

갖가지 얼룩이 진 벽이나 다양하게 섞인 돌들을 바라보면서 어떤 풍
경을 떠올리려고 해보라. 그러면 그것이 산, 강, 바위, 나무, 평원, 넓
은 골짜기, 여러 언덕으로 이루어진 다양한 경관과 닮아 있음을 알아
볼 수 있을 것이다. 빠르게 움직이면서 싸우는 물새들의 형체, 낯선
표정의 얼굴, 별난 의상도 알아볼 수 있을 것이다. 그렇게 한없이 많
은 것들을 하나하나 알아볼 수 있는 형상들로 환원시킬 수 있다.[20]

따라서 폴록의 작업은 한 가지 심오한 질문을 제기한다. 무작위
에 어떻게 질서를 부과할까? 이는 카너먼과 트버스키가 공동 연구
를 통해서 다방면으로 탐구한 질문이기도 하다.[21] 이 연구로 카너먼
은 2002년 노벨 경제학상을 받았다(트버스키는 1996년에 세상을 떠났다). 그
들은 우리가 확률이 낮은 무작위에 가까운 선택에 직면할 때, 하향 인
지 과정들이 불확실성을 줄이기 위해 그 선택에 질서를 부과한다는
것을 보여주었다. 이는 액션페인팅의 감상자가 가끔 하는 일이기도
하다. 이를테면 우리는 무작위로 흩뿌린 물감에서 패턴을 찾아내곤
한다.

폴록의 지성은 종종 '몸의 지성'으로 묘사되곤 한다. 그가 처음 거
래한 미술상, 베티 파슨스는 그에 대해 이렇게 말한다.

어떻게 그렇게 열심히, 게다가 어떻게 그렇게 우아하게 일할 수 있는
지! 가만히 그를 지켜보고 있자니 마치 춤꾼 같았다. 그는 캔버스를
바닥에 펼치고 그 주위에 물감이 든 깡통들을 늘어놓았다. 깡통에는
막대가 꽂혀 있었다. 그는 막대를 집어 들더니 (…) 휙 휘젓고 또 휘저

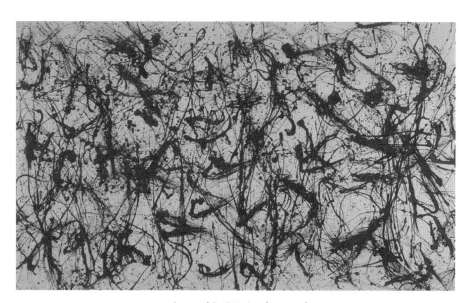

그림7.11 잭슨 폴록, 〈32번〉, 1950년.

었다. 그의 움직임에는 리듬이 있었다. (…) 그의 구도는 아주 복잡했지만, 그는 결코 넘어지는 적이 없었다. 늘 완벽하게 균형을 잡았다. (…) 위대한 화가들은 자기 자신을 잊을 때 (…) 무언가에 사로잡힐 때 최고의 작품을 내놓는다. 잭슨이 스스로를 잊곤 할 때, 나는 무의식이 그를 사로잡는다고 생각했으며, 그럴 때 경이롭기 그지없었다.[22]

폴록은 그림의 한 층에 다른 층을 겹쳤다. 그리고 튜브에서 두꺼운 물감을 짜서 그대로 캔버스에 발랐다. 이로써 그는 촉감을 빚어내는 데 성공했다. 그는 색색의 선들을 겹치고 엉기게 하면서 질감을 더욱 강화했다. 더 뒤의 작품들에서는 붓이나 물감칼로 물감을 두껍게 바르는 기법인 임파스토impasto를 써서 질감을 빚어내기도 했다. 폴록은 생동감 넘치는 붓질로, 질감 있는 표면 위에 두껍게 물감을 칠하는 이 기법을 써서 거의 3차원 조각 같은 느낌을 빚어냈다. 이 기법은 사실 빈센트 반 고흐가 미술에 도입한 깃이다. 로젠비그는 〈미국의 액션 페인터〉라는 글에서, 폴록이 그림 그리기를 일련의 행위로 전환시켜 "미술과 삶 사이의 칸막이를 제거했다"고 썼다.

| 뇌는 추상 이미지를 어떻게 처리할까 |

초상화 같은 구상미술이 우리에게 심오한 충격을 줄 수 있는 이유는 뇌의 시각계가 장면, 대상, 특히 얼굴과 표정을 처리하는 강력한 상향 기구를 지니고 있기 때문이다. 더욱이 우리는 오스카어 코코슈카나 에곤 실레 같은 표현주의 화가들이 과장해 묘사한 얼굴에 더 강하게 반응한다. 뇌에 있는 얼굴 세포들이 사실적인 얼굴보다 과장된 얼굴 특징들에 더 강하게 반응하도록 조정되어 있기 때문이다.

그렇다면 우리는 추상미술에는 어떻게 반응할까? 아예 제거된 것까지는 아니지만 극도로 환원된 이미지를 지닌 그림을 처리하고 지각할 수 있게 하는 뇌의 기구는 무엇일까? 여기서 명확히 드러나는 한 가지는 여러 유형의 추상미술들이 색, 선, 형, 빛을 분리시키고, 그럼으로써 우리에게 시각 경로의 개별 구성 요소들이 지닌 기능을 암묵적으로 더 의식하게 만든다는 것이다.

현대의 미술 지각 연구는 에른스트 크리스의 통찰에 많은 빛을 지고 있다. 그는 우리 각자가 하나의 미술 작품을 다소 다르게 지각하므로, 미술 작품을 보는 것은 감상자 쪽의 창작 과정을 수반한다고 말했다. 3장에서 살펴봤듯이 에른스트 곰브리치는 역광학 문제에 초점을 맞춰, 미술의 모호함에 관한 크리스의 개념을 시각 세계 전체에 적용했다.

우리 각자는 바깥 세계로부터 불완전한 정보를 취해, 그것을 나름의 독특한 방식으로 완성한다. 우리가 반사된 빛으로부터 3차원 이미지를 재구성하는 데 대개는 정확하게 성공하는 까닭은 뇌가 시각 정보의 상향 처리뿐 아니라 하향 처리를 통해 '맥락'을 제공하기 때문이다. 앞서 살펴봤듯이 상향 정보는 얼굴을 알아보는 능력 등 시각계의 회로에 구축된 계산 논리를 통해 제공된다. 반면 하향 정보는 예상, 주의, 학습된 연상 같은 인지 과정을 통해 제공된다.

토머스 올브라이트와 찰스 길버트는 최근에 하향 처리, 특히 그 토대를 이루는 학습 메커니즘을 이해하는 데 상당한 발전을 이루었다. 이런 처리 과정들을 논의하려면, 먼저 감각과 지각을 구별할 필요가 있다. 감각은 상향 처리와 더 밀접한 관계가 있고, 지각은 하향 처리와 더 밀접한 관계가 있다.

감각 그리고 지각

'감각'은 눈의 광수용체 같은 감각 기관이 자극을 받아 일어나는 직접적인 생물학적 결과다. 감각 사건은 우리 행동에 직접 영향을 미

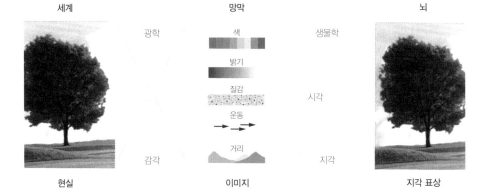

세계   망막   뇌

광학   색   생물학

밝기

질감   시각

운동

거리   지각

감각

현실   이미지   지각 표상

그림8.1 시각의 핵심 문제는 두 부분으로 이루어진다. 하나는 광학적이고, 다른 하나는 지각적이다. 광학 문제(감각 문제)는 시각 환경에 있는 표면에서 반사된 빛이 망막에 이미지를 맺는 것과 관련이 있다. 지각 문제는 망막 이미지를 생성하는 시각적 장면의 요소 식별과 관련이 있다. 이는 유일한 해답이 결코 없는 고전적인 역문제다. 즉, 하나의 망막 이미지는 무한히 많은 시각 장면 중 어떤 것으로부터도 생길 수 있다.

칠 수 있지만, 맥락이 결핍되어 있다. '지각'은 뇌가 바깥 세계로부터 받는 정보를 학습에 토대를 둔 지시과 통합하는 것이다. 학습은 이전의 경험과 가설 검증을 통해 이루어진 것을 말한다.

이러한 지각 과정을 시각에 적용해보자. 지각은 반사된 빛이 환경에 있는 이미지와 연결되고, 뇌를 통해 지속성을 띠게 되고, 뇌가 그것에 의미·효용·가치를 할당함으로써 일관성을 띠게 되는 과정이다.

지각의 한 가지 핵심 요소는 연상이다. 특정한 감각 사건과 다른 심상 및 다른 정보 원천 사이에 연결이 이루어지는 것을 말한다. 이 연상은 모든 감각에 내재된 모호함을 해소하는 데 필요한 맥락을 제공한다.[1] 크리스가 말했던 미술 작품에 내재된 모호함도 마찬가지다. 미국 철학자 윌리엄 제임스는 감각과 지각을 다음과 같이 구분한다.

"지각은 감각을 일으키는 대상과 연관이 있는 사실들을 의식으로 불러낸다는 점에서 감각과 구별된다."[2]

감각과 지각의 구분은 시각의 핵심 문제다.[3] 감각이 광학적이고 눈이 관여하는 반면, 지각은 통합적이고 뇌의 나머지 부분들도 관여한다.

앞서 살펴보았듯이 학습과 기억은 뇌에서 특정한 시냅스 연결이 강화되면서 이루어진다. 그렇다면 그것들이 지각에 어떻게 관여할까? 올브라이트와 길버트는 하향 처리가 한 가지 중요한 계산 과정의 결과임을 밝혀냈다. 뇌세포가 유입되는 감각 정보를 맥락 정보를 활용하여 내적 표상, 즉 지각 표상으로 전환하는 과정이 그것이다. 미술 작품에서 오는 입력 정보도 그런 식으로 처리된다.[4]

이 하향 처리에 기여하는 시냅스 강화가 뇌의 어디에서 일어날까? 현재 연상의 장기기억이 저장되는 핵심 영역 중 하나가 아래관자엽임을 시사하는 증거가 꽤 많이 나와 있다. 사람, 장소, 사물의 명시기억이 만들어지는 곳인 해마와 직접 연결된 영역이다.

아래관자엽은 뇌의 시각 정보 처리의 계층 구조 정점에 놓이며, 대상 인지에 중요하다고 알려져 있다. 대상 인지는 과거에 이루어진 연상의 기억에 의존한다. 우리 시야에 있는 대상에 반응해 감각 신경세포가 보내는 상향 신호는 아래관자엽에서 그 대상의 표상이 된다. 얼굴반도 아래관자엽에 있다. 한 대상을 다른 대상과 연관짓는 학습은 각 대상을 표상하는 신경세포들 사이의 연결을 강화함으로써 이루어진다. 이 연결은 간접 경로를 통해 이루어진다. 그렇게 형성된 연상은 아래관자엽에서 응고되어 안쪽관자엽의 기억 구조에 저장된다.

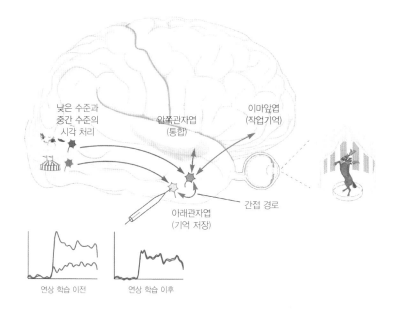

그림8.2 시각 연상과 회상의 회로들. 감각세포에서 나온 상향 신호는 아래관자엽에서 서커스 천막과 말의 표상을 생성한다. 연상 학습 전까지, 하늘색으로 표시한 신경세포는 서커스 천막에는 잘 반응하지만 말에는 반응하지 않는다. 학습을 통한 두 대상 사이의 연상은 아래관자엽에서 이루어진다. 두 대상 각각을 담당하는 신경세포들 사이가 간접 경로로 연결되는 것이다. 그리하여 서커스 천막을 회상하면 간접 경로가 활성화함으로써 말이 덩달아 떠오르게 된다.

올브라이트 연구진은 이 개념을 검증하기 위해, 의미 없는 패턴들로 이루어진 시각 자극들을 짝짓도록 원숭이를 훈련시켰다. 각 원숭이가 연상을 학습할 때, 과학자들은 원숭이의 아래관자엽에 있는 신경세포들의 활성을 지켜보았다. 처음에 각 신경세포는 각 대상, 각 시각 패턴에만 선택적으로 반응했다. 이어서 원숭이가 두 자극을 연관 짓는 법을 배우기 시작하자, 처음에 어느 한쪽 시각 패턴에만 반응하던 신경세포들 사이의 연결이 강화되었다. 신경세포에 일어난 이런 변화는 고전적 조건 형성, 새롭게 학습된 연상의 물리적 표현 형태다. 우리의 생애 내내 기억들은 이런 식으로 응고된다. 그리하여 우리가 어떤 대상을 지각할 때 간접 경로를 통해 그것과 연관지을 수 있는 추가 정보를 제공한다.

간접 경로는 작업기억의 내용을 통해서도 활성을 띨 수 있다. 즉, 이마앞엽에서 오는 되먹임을 통해서다. 이마앞엽은 작업기억의 여러 측면들 및 집행 기능Executive Function(어떤 일을 계획하고 순서를 정하는 등 자기 자신을 통제하면서 목표 달성에 필요한 인지적 기능을 하는 것 —옮긴이)에 관여한다. 정상적인 조건에서 시각 경험은 결합된 직간접적 입력들이 아래관자엽으로 들어가면서 일어난다. 하지만 우리는 연상 학습의 토대가 되는 신경 연결의 변화가 아래관자엽으로 신호를 전달하는 신경에서만 일어나는 것이 아니라고 믿을 이유가 있다. 시각계 전체, 아니 사실상 모든 감각계에서 일반적으로 그런 식으로 신경 연결의 변화가 일어난다. 학습할 때의 뇌 활성을 살펴본 영상들은 이 개념을 뒷받침하는 증거를 제공한다. 뇌 영상을 보면, 시각 처리의 아주 초기 단계에 속한 뇌 영역들에서도 신경 활성의 변화가 일어난다.

올브라이트는 이러한 발견을 토대로 안쪽관자엽에 있는 신경세포들의 반응 특성을 조사함으로써 연상 학습을 살펴보았다. 안쪽관자엽은 시각 처리의 중간쯤에 놓인다. 실제로 그는 아래관자엽에 있는 신경세포에서 본 것과 비슷한 연결상의 변화가 안쪽관자엽에서도 일어난다는 것을 발견했다.

알루밋 이샤이 연구진은 이 점을 더 파고들었다.[5] 자원자들에게 얼굴이나 집의 실제 사진을 보여주자, 시각 처리의 초기 단계들에 관여하는 시각 피질 영역들이 활성을 띠었다. 반면에 자원자들에게 얼굴이나 집의 이미지를 회상하라고 하자, 하향 처리에 관여하는 뇌의 두 영역이 활성을 띠었다. 이마앞엽과 위마루엽이었다. 이마앞엽은 얼굴이나 집이나 고양이처럼 뇌가 이미 알려진 범주에 끼워넣을 수 있는 구상 이미지, 즉 내용을 전달하는 이미지에만 반응한다. 위마루엽은 작업기억의 정보를 조작하고 재배치하는 일을 하는데, 모든 시각 이미지에 활성을 띤다.

이런 연구 결과들을 요약하면 이렇다. 뇌에서 얼굴과 사물의 감각 표상이 대체로 시각 처리의 초기 단계에 관여하는 시각 영역, 즉 상향 처리 과정을 통해 매개되는 반면, 저장된 기억에서 떠올리는 이미지의 지각은 이마앞엽에서 시작되는 하향 메커니즘을 통해 상당한 수준까지 매개되는 듯하다.[6]

미술 작품을 감상할 때는 어떨까. 몇몇 원천에서 나온 정보들이 감상자에게 유입되는 빛의 패턴과 상호작용함으로써 작품에 대한 지각 경험을 낳는다. 상향 처리를 통해 뇌에 많은 정보가 전달되지만, 이전에 시각 세계를 접한 기억으로부터도 중요한 정보가 추가된다. 다른 미술 작품들과 경험들을 담고 있는 이 기억을 통해서 우리는 망막에 맺힌 이미지의 원인, 범주, 의미, 효용, 가치를 추론할 수 있다. 결국 우리가 망막 이미지의 모호함을 대체로 정확히 해소할 수 있는 이유는 뇌가 맥락을 제공하기 때문이다. '맥락'은 대강 말하자면, 서로 다른 정보 조각들로 이루어진다. 이를테면 망막 이미지에 들어 있는 정보, 얼굴 처리처럼 뇌의 계산 기구에 내재된 정보, 마지막으로 미술 세계를 포함해 이전에 세계를 경험하면서 배운 정보 같은 것들이다.

일찍이 1644년 르네 데카르트는 눈에서 유래한 시각 신호와 기억에서 유래한 신호가 둘 다 정보로 전환되어 동일한 뇌 구조에 입력됨으로써 우리가 경험을 하는 것이라고 주장했다. 최근의 뇌 기능 영상 연구들은 이 개념이 옳다는 증거를 내놓고 있다. 연구자들은 사람들에게 특정한 시각 자극을 상상하라고 하거나, 어떤 이미지를 다른 이미지와 연관지어서 떠올리라고 하면서 뇌를 촬영했다. 그런 연구를 통해서, 낮은 수준의 시각 처리와 중간 수준의 시각 처리에 관여하는 여러 뇌 영역들의 활성 양상이 드러났다.

이런 방법으로 자원자들의 아래관자엽 활성을 전기생리학적으로 기록해보면, 이미지에 강하게 반응한다는 것이 드러난다. 추상미술도 더 이전의 인상파 미술과 동일한 가정에 의존한다. 단순하고 때로는 엉성하게 묘사된 특징들이 지각 경험을 충분히 촉발할 수 있고, 나중에 감상자 스스로가 그 경험을 완성하여 풍성하게 한다는 것이다. 뇌 연구에서 나온 증거들은 이러한 지각적 완성이 고도로 특정한 하향 신호가 시각 피질로 투사되어 일어남을 시사한다.

따라서 추상미술가들이 주장하는 것, 그리고 추상미술 자체가 증명하는 것은 인상, 즉 망막의 감각적 자극이 그저 연상적 회상을 촉발하는 불꽃이라는 것이다. 추상화가는 회화적 세부 사항을 제공하려고 하는 것이 아니라, 감상자가 자신의 독특한 경험을 토대로 그림을 완성할 수 있도록 '조건'을 창조한다. 터너가 그린 해질녘 풍경을 본 한 젊은 여성이 이렇게 말했다고 한다. "터너 씨, 나는 이런 해넘이를 한 번도 본 적이 없어요." 그러자 터너가 대꾸했다. "볼 수 있다고 바라기는 했나요?"

많은 감상자가 추상미술에서 이끌어내는 즐거움은 제임스가 익숙한 것과의 연상을 통한 "새로운 것의 성공적인 동화同化"라고 부른 것의 한 예다.[7] 이전에 한 번도 본 적이 없는 것에도 일관성 있는 지각 경험을 이끌어내는 것을 의미한다. 나는 더 나아가 새로운 것의 동화가, 즉 감상자가 하향 처리를 동원하여 이미지를 창의적으로 재구성하는 것이 본질적으로 즐거운 과정이라고 주장하고 싶다. 그것이 우리의 창의적인 자아를 자극하고, 많은 감상자들이 특정한 추상미술 작품을 접하면서 느끼는 긍정적 경험에 기여하기 때문이다.

추상미술, 무한한 가능성의 세계

우리가 추상미술에 결부시키는 연상이 얼마나 중요한지를 말해주는 단순한 사례가 그림8.3과 8.4다. 전에 그림8.4를 본 적이 없다면, 빛과 어둠으로 이루어진 영역들이 무엇인지, 이 무작위적인 것처럼 보이는 패턴이 무엇을 상징하는지 이해하기 어렵다. 하지만 그림8.4를 보면 우리의 지각 경험이 근본적으로 바뀐다. 그림8.4는 이전 이미지의 모호함을 해결할 충분한 정보를 제공한다. 게다가 그림8.4를 보고 나면, 기억에서 떠올리는 정보 때문에 다음에 그림8.3을 접하는 양상이 뚜렷이 달라질 것이다. 사실 원래의 이미지에 대한 지각이 영구히 달라졌을 수도 있다.

라마찬드란 연구진은 이 현상의 토대를 이루는 세포 메커니즘을 조사했다.[8] 그들은 아래관자엽과 안쪽관자엽에서 개별 신경세포의

그림8.3 처음 보는 사람에게는 대개 이 이미지가 뚜렷한 형상이 전혀 없는 무작위 패턴처럼 보인다. 이 자극이 이끌어낸 지각 경험은 그림8.4의 패턴을 보고 나면, 근본적으로 그리고 아마도 영구히 바뀔 것이다.[9]

그림8.4 이 이미지는 그림을 접할 때 연상 회상(하향 신호)이 망막 자극(상향 신호)의 해석에 어떻게 영향을 미치는지를 설명한다. 보는 이들은 대부분 이 패턴을 보고서 명확하고 의미 있는 지각 표상을 경험한다. 이 이미지를 보고 나면 그림8.3에 있는 패턴이 전혀 다르게 지각된다. 일단 그림8.4를 지각하고 나면, 대체로 기억에서 이끌어낸 이미지가 주도하는 구상 해석이 나올 수 있다.[10]

반응 양상이 단기간에 바뀔 수 있다는 것을 발견했다. 모호한 이미지에 겨우 5~10초 노출된 뒤에도 학습의 효과가 나타났다. 이렇게 짧게 노출된 뒤에도, 뇌는 그 학습한 것을 모호한 이미지에 적용한다.

원숭이를 대상으로 한 이 세포 실험들과 인간을 대상으로 한 비슷한 정신물리학적 연구들은 인간과 고등한 영장류가 시각 세계의 자극을 재빨리 학습할 수 있음을 보여준다. 이것이 우리가 단 몇 초만 보고도 얼굴과 사물을 알아보는 이유일 수 있다. 이런 발견은 아래관자엽과 안쪽관자엽의 신경세포가 이마앞엽과 위마루엽을 포함하는 하향 처리 체계의 일부라는 올브라이트·이샤이의 발견과도 들어맞는다.

이런 연상 사례들을 염두에 두고서, 데 쿠닝과 폴록이 구상에서 추상으로 전환한 과정을 재검토해보자.

데 쿠닝이 1940년에 그린 〈앉아 있는 여인〉은 일레인 프리드를 묘사한 것이다(그는 3년 뒤 그녀와 결혼한다). 이 그림은 데 쿠닝이 여성을 그린 최초의 작품 중 하나인데, 그의 흥미로운 추상적인 붓질이 이 작품에서 이미 얼마간 엿보인다. 예를 들어 그녀의 오른쪽 눈, 얼굴 오른쪽, 오른팔은 왼쪽보다 윤곽이 좀더 흐릿하다. 그 결과 우리의 하향 처리를 요구한다. 데 쿠닝은 왜 그녀의 몸을 해체하고 있을까? 온전히 그리고 대칭적으로 보이는 부분은 가슴뿐이다. 이 그림은 데 쿠닝이 여성의 형상을 재정의하려고 시도한 초기 사례다.

10년 뒤에 그린 〈발굴〉은 전혀 다른 작품으로, 대체로 추상적이다(그림7.1). 원근법이 전혀 없고 본질적으로 평면적이다. 하지만 데 쿠닝과 그가 여성의 형상에 매료되었다는 점을 알고 나면, 우리는 이

그림8.5 빌럼 데 쿠닝, 〈앉아 있는 여인〉, 1940년.

그림을 그리 오래 훑지 않아도 자신의 기분이나 성향에 따라서 한 명이나 그 이상의 여성이 홀로 또는 누군가와 함께 있다고 쉽게 떠올리게 하는 둥그스름한 모양들을 마주치게 된다. 이 그림의 모호함을 대면할 때면 상향 해소와 하향 상상 양쪽으로 거의 무한한 가능성이 열리며, 우리는 이런저런 가능한 연상들을 잇달아 떠올릴 수 있다. 〈앉아 있는 여인〉이 이미 꽤 모호하다는 점 때문에, 이 작품과 〈발굴〉은 더욱 뚜렷하게 대비된다.

이제 폴록의 초기 구상화 〈서부로 가는 길〉을 살펴보자. 우리는 당나귀와 몰이꾼부터 시작해 하늘의 구름과 달로 향했다가 다시 당나귀로 돌아오는, 끊임없는 시계 방향의 운동에 사로잡힌다.

15년 뒤 〈32번〉에서 폴록은 다시 힘찬 운동 감각을 창조한다. 하지

그림8.6 잭슨 폴록, 〈서부로 가는 길〉, 1934~1935년.

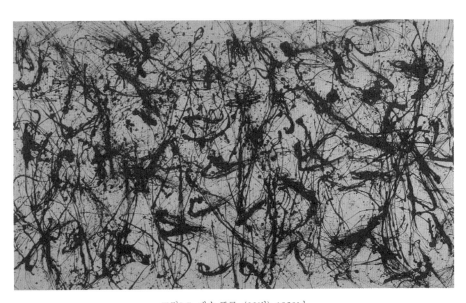

그림8.7 잭슨 폴록, 〈32번〉, 1950년.

만 이제는 단일한 압도적인 시계 방향 운동을 강요하기보다는, 우리 눈이 질서를 찾아서 화폭 전체를 훑으면서 아무 방향이든, 아니, 그보다는 몇 가지 방향을 선택해 따라갈 자유를 준다. 여기에 어떤 이미지가 있을까? 특히 우세한 어떤 이동 방향이 있을까? 이 그림은 내 마음에 심상들의 싸움, 결코 끝나지 않을 심상 전쟁의 장면을 떠올리게 한다. 이런저런 장면들을 끝없이 떠올리면서 방황하도록 상상을 자극하는 작품을 접할 때, 우리는 숨이 막힌다.

이렇게 데 쿠닝과 폴록의 그림들을 비교하면 뚜렷이 드러나는 것이 있다. 추상미술이 구상의 관점에서 보면 분명히 환원주의적이지만, 많은 구상미술보다도 더욱 우리의 상상력을 자극할 수 있다는 사실이다. 게다가 두 사람의 완전 추상화들은 입체파 그림보다 우리 뇌의 시각 기구에 상향 처리를 덜 요구한다. 입체파 그림에는 종종 구상 요소가 들어 있곤 하지만, 우리 뇌가 진화하면서 의미 있게 처리할 수 있었던 맥락에 맞지 않게 배치되어 있다. 그래서 그런 맥락과 무관하게 전혀 다른 관점에서 탐사해야 한다. 그렇긴 해도 입체파 그림에서는 잠재적 모호함을 해소하는 역할을 여전히 상향 처리가 주로 맡고 있다. 추상화는 그렇지 않다. 대신에 우리의 상상에, 즉 다른 미술 작품을 접한 경험 그리고 개인적인 경험으로부터 나오는 하향 연상에 더 깊이 의존한다.

이제 추상에 다른 접근법을 취한 마크 로스코와 모리스 루이스를 살펴보자. 피터르 몬드리안이 그림을 선과 색으로 환원한 반면, 빌럼 데 쿠닝은 이동성과 질감을 도입했고 잭슨 폴록은 날것 그대로의 창작 과정을 전달했다. 한편 로스코와 루이스는 그림을 오로지 색으로 환원했다. 이로써 그들은 몬드리안처럼 감상자에게 새로운 영적인 느낌을 전달하는 데 성공했다.

로스코는 1950~1960년대에 색면화를 개척했다. 그는 화폭의 넓은 면적을 다소 평면적인 단색으로 칠해서, 시각적으로 강렬하면서도 공기보다 가벼운 느낌을 주는 끊임없는 색의 면을 창조했다. "뉴욕학파 중에서 이처럼 강렬한 행복감을 전달할 수 있었던 사람은 없었다. 그 색은 (…) 놀라울 만큼 명상적인 평온함을 제공했다."[1]

로스코, 무에 도달하다

마크 로스코는 1903년 러시아 북서부의 도시 딘스크에서 태어났으며, 본명은 마르쿠스 로트코비치였다. 딘스크는 러시아에서 유일하게 법으로 유대인 거주가 허용된 집단 거주 지역에 속했다. 그는 10세 때 가족을 따라서 미국 오리건주 포틀랜드로 이주했다. 그후 예일대학교에 들어갔지만, 중퇴하고 1923년 뉴욕시로 왔다. 그곳에서 아트스튜던츠리그Art Students League에서 공부했고, 서서히 뉴욕학파의 중심인물로 부상했다. 로스코는 이미지를 색으로 환원해 독특한 기하학적 추상화를 발전시켰다. 비록 1930년대에 그린 초기 구상화는 그다지 인상적이지 않았지만 더 성숙한 양식을 예고했다. 형상을 덩어리처럼 다루고, 물감을 겹겹이 덧칠함으로써 덩어리가 놀랍도록 빛나고 무게가 없는 듯한 인상을 풍기는 양식이었다. 그런 작품을 보면, 곳곳에서 형상이 스스로 빛을 발하는 듯하다.

로스코는 독특한 양식을 개발하면서 점점 더 환원주의자가 되었다. 그는 그림에서 원근법의 요소들과 알아볼 수 있는 형상들을 제거하기 시작했다. 명확히 알아볼 수 있는 모티프들을 서서히 제거하고, 몇몇 회화적 패턴에 초점을 맞추었다. 〈입맞춤하는 연인 1934〉에서는 채색 형상들이 둥둥 떠서 서로 상호작용하면서, 사람의 모습임을 뚜렷이 드러낸다. 그러나 10년 뒤 〈1948년의 1번〉에서는 인간의 드라마가 인간의 형상과 분리되었음을 보여준다. 로스코는 이런 알아볼 수 있는 이미지의 제거가 "더 고차원 진리의 폭로"라고 말한다.

로스코의 작품은 가장 단순해 보일 때 가장 복잡하고 도발적인 양

그림9.1 마크 로스코, 〈입맞춤하는 연인 1934〉, 1934~1935년.

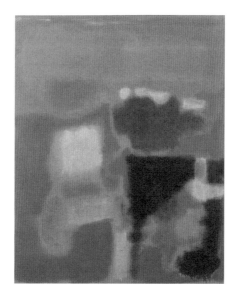

그림9.2 마크 로스코, 〈1948년의 1번〉, 1948~1949년.

상을 띤다. 1958년경 그는 사람의 모습을 닮은 형체를 완전히 제거하고 형태의 이용을 더욱 제한함으로써, 수직 색면에 색색의 직사각형 몇 개만 남긴 작품을 내놓았다. 색과 깊이에 초점을 맞춘 이 고도로 단순화한 환원론적인 시각적 어휘와 그 어휘로 창안한 경이로운 다양성과 아름다움은 그 뒤의 작품들을 정의하는 특징이 되었다.

로스코는 이러한 환원주의가 필요하다고 여겼다. "정형화한 연상들을 파괴하기 위해서는 사물들의 익숙한 정체성을 산산이 부수어야 한다. 우리 사회는 주변 환경의 온갖 측면들을 이 정형화한 연상들로 점점 더 뒤덮어버리고 있다."[2] 그는 색채, 추상, 환원의 한계를 밀어붙이는 것만이 화가가 색·형과의 기존 연관관계로부터 해방된 이미지를 창조할 수 있는 방법이라고 주장했다. 그래야만 우리 뇌가 새로운 착상, 연상, 관계를 형성할 수 있고, 그리하여 그것들에 대한 새로운 감정 반응을 일으킬 수 있다는 것이었다.

그림9.3은 처음 볼 때 그저 단색의 직사각형처럼 보인다. 가만히 보고 있자면, 직사각형의 가장자리, 미묘하게 색조가 변하는 테두리들 사이에 놓인 빈 공간이 빛의 평면인 양 서서히 형체를 드러낸다. 이 그림을 비롯하여 로스코의 풍성한 채색 추상화들은 고도로 무언가를 환기시킨다. 그림이 근본적으로 단순함에도, 감상자들은 그 효과를 이야기할 때면 예외 없이 신비적이고, 정신적이고, 종교적인 무언가를 떠올린다.

로스코는 화폭에 놀라운 공간과 빛 감각을 창조한다. 채도와 투명도가 다양한 물감들을 얇게 겹겹이 칠해서 배경이 간헐적으로 은은하게 배어나오도록 함으로써, 맨 위의 층을 빛이 비치는 투명한 장막

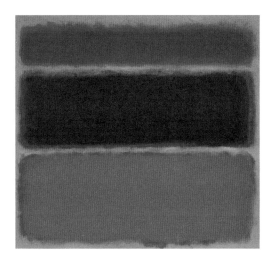

그림9.3 마크 로스코, 〈#36 검은 띠〉, 1958년.

으로 바꿔놓는다. 관습적인 의미의 원근법은 전혀 없으며, 색깔들이
배어나오는 얕은 공간만이 암시되어 있을 뿐이다. 그의 작품에서 우
리는 움직이지 않는 직사각형에서 빛이 어떻게 배어나오는지를 말해
주는 아름다운 사례를 본다.

　1960년대 말에 로스코는 미니멀리즘 접근법을 더욱 밀고 나갔다.
그는 색의 대비에서 색의 부재로 초점을 옮겼다.[3] 이 변화의 정점은
텍사스주 휴스턴의 로스코성당Rothko Chapel 벽을 장식하고 있는 연작
이다. 이 작품은 구리색과 검은색의 커다란 화폭 일곱 점과 짙은 자주
색을 띤 그림 일곱 점으로 이루어져 있다.[4] 로스코는 처음에 스무 점
을 그렸지만, 최종적으로 열네 점만 성당에 걸리게 되었다.[5]

　로스코성당은 1965년 존 드 메닐과 도미니크 드 메닐 부부가 자신
들이 살던 도시를 위해 지었다. 그들은 이곳을 종파를 초월하는 인권

의 성지로 삼고자 했다. 자신들이 설립한 메닐미술관 옆이었다. 조르주 브라크, 앙리 마티스, 페르낭 레제, 마르크 샤갈을 비롯한 여러 현대미술가들의 작품이 많이 있는 프랑스의 아시성당이나 앙리 마티스가 설계한 로제르성당과 견주고자 로스코성당이라는 이름을 붙였다.

로스코성당은 창문 하나 없는 휑한 팔각형 공간으로, 회색 치장벽토로 마감을 했다. 건물은 초기 기독교 교회를 떠올리게 하는 배경 속에서 로스코의 작품을 전시하는 것 외에 다른 기능은 전혀 없어 보인다. 열네 점의 대형 화판이 성당 내부를 이룬다. 그림들이 아주 어둡기 때문에, 감상자는 처음 안으로 들어서면 아무것도 보이지 않을 때가 종종 있다. 하지만 중앙 화판에 초점을 맞추면, 서서히 그림에서 어떤 빛이 배어나오는 것을 보게 될 수도 있다. 그런 뒤 어떤 움직임을 느끼지만, 그 움직임이 그림에서 일어나는 것인지 감상자의 몸에서 일어나는 것인지는 불확실하다.

로스코의 요청에 따라 건축가 하워드 반스톤과 유진 오브리가 추가한 가림판이 달린 커다란 채광창은 하루 중 특정한 시간에 빛이 흘러들도록 해준다. 저녁에는 그림에서 흘러나오는 희미한 빛에 강렬한 경험을 느낀다. 슈피스는 이 대비에 강렬한 인상을 받았다.

이 대조되는 경험 세계를 최고로 치고 싶은 유혹이 든다. 바깥에서 오는 한낮의 광휘는 검은 그림을 더욱 어둡게 하는 반면, 저녁의 빛은 잠시 균형을 이루면서 그림의 어둠을 빛나게 한다. 로스코가 변함없는 조명(하나의 최적 효과)에 그림을 고정시키고 싶어 하지 않았다는 사실은 로스코의 자기 해석에 있어 핵심적이다. (⋯) 이 보편적인 성

그림9.4 마크 로스코, 〈7번〉, 1964년.

당에서 정확히 한 가지 조명, 단일한 효과를 버렸다는 사실이 상징적으로 비칠 수도 있다. 즉, 단일한 진리를 포기하는 것으로서 비칠 수 있으며, 하나의 빛을 다른 빛보다 선호하는 것이 불가능함을 말하는 것으로서 비칠 수 있다.[6]

이 감각은 모호하면서 두드러지며, 그럼으로써 우리에게 새로운 의미를 창조할 기회를 제공한다. 게다가 성당에 아름답게 전시된 그림들 간의 조화도 놀랍다(로스코의 후기 작품을 특징짓는 조화로움). 로스코의 구상화 중에 이 환원주의적 검은 화폭보다 풍부하면서도 다양한 감정적·영적 반응을 환기시키는 작품은 결코 없다. 도미니크 드 메닐은 이 화판들이 "그의 화가 인생 전체의 결과물"이라고 했으며, "그

가 이 성당을 자신의 걸작으로 여겼다"고 말했다.[7]

색면화는 추상표현주의 내에서 데 쿠닝과 폴록의 액션페인팅과 전혀 다르고 새로운 방향으로 나아갔다. 폴록의 액션페인팅이 생명력과 역동성을 띠는 반면, 로스코의 그림은 색, 형태, 균형, 깊이, 구성, 규모 같은 강한 형식적 요소들로 이루어져 있다. 색에 초점을 맞춤으로써, 로스코는 현대미술을 무한으로 뻗어나가는 고대의 신비주의적이고 초월적인 미술 형식들과 연관짓는 새로운 추상 양식을 추구하고 있었다. 이를 위해 그는 구상을 포기하고 오로지 넓은 색면의 표현력에만 초점을 맞추었다. 그의 실험은 많은 화가에게 영감을 주었다. 그를 따라서 대상이라는 맥락에서 색을 해방시키고, 구상적 연상에 접근하는 것을 억누르고, 색 그 자체를 주제로 삼는 화가들이 늘어났다. 어떤 면에서 로스코는 생물학자들(지각과 기억을 연구하는 생물학자 포함)이 환원주의 과학으로 시도하는 것을 성취하는 데 성공했다(4장 참조).

헬렌 프랑컨탈러, 케네스 놀런드, 모리스 루이스, 애그니스 마틴도 색면화가들이다. 이들은 모두 로스코에게 큰 영향을 받았다. 마틴은 로스코가 "진리를 향하는 길에 어떤 것도 걸림이 전혀 없을 정도로 무zero에 도달했다"고 평했다. 다른 색면화가들도 로스코처럼 환원주의에, 즉 미술의 복잡성을 단순화하는 일에 관심이 있었다. 하지만 이 신세대 화가들은 신비적인 내용보다는 형식이 더 중요하다고 여겼다. 로스코는 이 후대 화가들의 작품을 이렇게 평했다. "회화는 경험을 담은 그림이 아니다. 경험 자체다."

색의 순교자, 모리스 루이스

모리스 루이스는 1912년 수도 워싱턴에서 태어났다. 본명은 모리스 루이스 번스타인이었다. 그는 볼티모어에 있는 메릴랜드예술대학에 들어가서 1932년에 졸업했다. 그곳에서 그는 마티스가 색채를 써서 빛으로 충만한 분위기를 창조한 방식에 매료되었다. 마티스는 음영을 이용해 부피감을 창조하기보다는 원색의 강도를 조절해 대비 영역들을 조성했다. 1936~1943년 루이스는 뉴욕시에 살며 연방 예술 프로젝트의 이젤 분과에서 일했다. 이 시기의 초기 그림은 구상화였고, 빈민, 노동자, 풍경이라는 다소 의례적인 장면들을 그렸다.

루이스는 뉴욕에 있을 때 폴록을 비롯한 뉴욕학파의 영향을 받았다. 하지만 곧 로스코에게, 더 직접적으로는 프랑컨탈러에게 영감을 얻어 액션페인팅에서 색면화로 돌아섰다. 상호 지지하는 우정과 협력이라는 맥락에서, 루이스와 놀런드는 뉴욕학파에서 파생된 워싱턴색채화파Washington Color School의 주축이 되었다. 두 사람은 루이스가 관심을 가진 마티스의 색 이용 방식을 이어받아, 독특한 색면화 양식을 발전시키기 시작했다.

루이스는 아크릴 물감을 묽게 한 뒤, 틀에 고정시키지 않고 느슨하게 말아놓은 커다란 캔버스에 직접 쏟아부었다. 그럼으로써 물감이 알아서 흐르면서 캔버스에 곧바로 스며들도록 했다. 그 결과 깊이감이라는 착시 현상이 제거되고 색채가 화폭 표면의 일부가 되었다.[8] 붓이나 막대기의 개입 없이 물감이 자유롭게 흐르도록 하는 이 기법은 그가 액션페인팅으로부터 과격하게 결별했음을 뜻했다.

그림9.5 모리스 루이스, 〈무제(두 여성)〉, 1940~1941년.

그림9.6 모리스 루이스, 〈풍경〉, 1940년대.

1953년 4월, 놀런드는 루이스를 만나보라고 클레먼트 그린버그를 워싱턴으로 초청했다. 당시 그린버그는 미국에서 가장 영향력 있고 사려 깊은 미술평론가에 속했고, 폴록과 추상표현주의를 옹호하는 주요 인물이었다. 그린버그는 폴 세잔과 입체파의 전통을 좇아서, 회화의 독특한 점이 평면성에 있다고 보았다. 그래서 그는 회화가 '깊이'라는 착시를 일으키는 모든 요소를 제거하고, 그런 관심은 조각에 맡겨야 한다고 생각했다.

그린버그는 루이스의 작품을 보고 대단히 깊은 인상을 받았다. 그는 그 그림에서 현대주의의 정수를 보았다. 루이스는 회화의 특징들(평면성, 물감의 성질)을 통해 회화 자체를 비판했으며, 이때 전통적인 이젤화를 근본적으로 해체하는 방식을 취했다. 그린버그에 따르면, 미술계는 전통적으로 회화의 이런 특징들을 한계로 보고 오로지 간접적으로만 인정하는 반면, 현대미술가들은 그것들을 긍정적 요소로 간주하고 공개적으로 인정한다. 루이스의 그림은 이러한 관점이 옳다는 증거였다.[9]

1958년부터 때 이른 죽음을 맞이한 1962년까지 4년 동안, 루이스는 주요 연작 세 가지를 내놓았다. 장막Veil, 펼침Unfurled, 띠Stripe였다. 각 연작은 놀라울 만치 일관성을 띠고 한결같이 수준 높은 작품 100여 점으로 이루어져 있다. 루이스는 캔버스, 그리고 물감이 흐르고 스며드는 양상을 조작해 독특한 양식을 개발했다. 그가 정확히 어떻게 했는지는 수수께끼로 남아 있다. 그는 자신의 기법을 결코 말하지 않았으며, 식당을 개조한 화실에서 일하는 모습을 누구도 지켜보지 못하게 했다. 단지 우리가 아는 것이라고는 그가 직접 만든 틀을 써서

그림9.7 모리스 루이스, 〈금색 옆의 녹색〉, 1958년.

캔버스의 모양을 정한 다음, 거기에 물감을 부었다는 것뿐이다.

첫 번째 연작인 '장막'은 1954년에 그리기 시작했는데, 최대 열두 가지 색깔을 서로 겹치게 하여 그린 것이다(그림9.7, 9.8). 이 비현실적인 그림에서 화가는 땅, 빛, 하늘과 으레 연관짓곤 하는(따라서 그것들을 상징하는) 선과 색을 과장된 형태로 쓴다. 감상자는 19세기 풍경화를 보는 듯한 인상을 받는다. 이 그림들은 높이 2.1미터에 폭 3.7미터로서 거대하다. 립시가 지적했듯이, 캔버스의 중립적인 배경 위로 색깔들이 단순한 윤곽 형태로 배열되어 조각 같은 인상을 심어준다. 루이스는 그 형태를 "장막"이라고 했다. 중력의 힘에 맞서 캔버스로부터 자유롭게 떠오르는 듯한 환각을 일으키는 장막이다. 색깔은 노란색에서 주황색과 청동색에 이르기까지 차분하다. 립시는 이렇게 썼다.

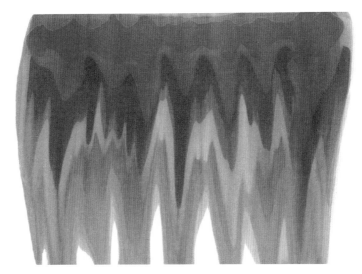

그림9.8 모리스 루이스, 〈새프〉, 1959년.

"로스코의 전형적인 이미지처럼, 루이스의 이미지도 그 자체가 객체 없는 이이콘이 된다."[10]

1960년 여름, 루이스는 '펼침' 연작을 그리기 시작했다(그림9.9, 9.10). 이 그림들은 그가 그렸다는 것을 가장 쉽게 알아볼 수 있는 동시에, 아마도 가장 중요할 작품일 것이다. 이런 제목이 붙은 이유는 루이스가 캔버스를 돌돌 만 상태에서 물감을 부은 뒤, 물감이 스며들기 시작할 때 캔버스를 펼치는 방식으로 그렸기 때문이다. 이 연작 작품들은 캔버스 위쪽 중앙이 텅 비어 있다는 점에서 독특하다. 전통적으로 가장 중요하다고 여겼던 공간, 입체파 화가들까지도 그렇게 생각했던 영역을 완전히 텅 비운 것이다. 바실리 칸딘스키가 지적했듯이, 이 작품들을 볼 때 우리는 즉시 그림의 위쪽으로 시선을 향한다.

그림9.9 모리스 루이스, 〈알파 타우〉, 1960~1961년.

그 부분이 바로 감상자의 영혼과 정신을 고양시키는 영역이기 때문이다. 이 그림들의 또 한 가지 두드러진 특징은 거대한 캔버스의 양쪽 가장자리로부터 중앙을 향해 흐르는 두 줄기의 무지개무늬다.

펼침 연작은 회화에 등장한 전혀 새로운 착상이었다. 폭이 최대 6미터에 이르는 이 그림들은 루이스의 작품들 중에서 가장 크다. 그가 창작을 하던 화실보다 더 폭이 넓다. 비록 즉흥적으로 창작한 것으로 보일지 몰라도, 사실 이 작품들은 지극히 체계적이다. 이 작품들에서 루이스는 중앙을 쐐기 모양으로 남겨놓고 그 하얀 공간을 감싸듯이 물감이 흐르도록 함으로써 장막 연장의 이미지를 뒤집었다. 루이스는 자신의 기준을 충족시키지 못한 작품을 다 없애면서, 꼼꼼하게 세운 계획에 따라서 작품들을 만들었다.

세상을 떠날 무렵에 루이스는 '띠' 연작을 그리고 있었다(그림9.11, 9.12). 원색의 띠들을 수평선이나 수직선으로 배치한 작품들이다. 수직선이 훨씬 더 많았으며, 위에서 아래까지 동일한 강도의 아주 길고

그림9.10 모리스 루이스, 〈델타〉, 1960년.

좁은 띠들이 캔버스를 가르며 지나간다. 띠들은 움직일 수 있는 것처럼 보이며, 색과 배치 같은 특징들에 따라서 서로 광학적으로 상호작용을 한다. 이전 연작에서 물감이 자유롭게 흐르게 한 것과 달리, 띠연작에서는 훨씬 더 체계적이고 계획적으로 선들을 그렸는데, 마치 자연에 형성된 지층처럼 보인다. 그린버그는 이 그림들이 루이스의 가장 절제된 작품이며, 더욱 순수하면서 더욱 단순한 형태를 추구하던 그의 환원주의의 극단적인 형태라고 보았다.

1962년 루이스는 폐암 진단을 받았다. 물감paint 증기를 오래 들이마신 탓으로 생각된다. 그는 집에서 49세 생일을 맞이한 직후 숨을 거두었다.[11]

그림9.11 모리스 루이스, 〈물의 분리〉, 1961년.

그림9.12　모리스 루이스, 〈세 번째 요소〉, 1961년.

색면화의 정서적 힘

추상표현주의의 두 갈래인 액션페인팅과 색면화는 형태와 색의 분리를 탐구했고, 둘 다 선과 색을 강조하기 위해 형태를 의도적으로 포기했다. 윤곽선을 부드럽게 하고 윤곽을 흐릿하게 함으로써, 폴록과 데 쿠닝은 뇌의 한정된 주의attention 자원을 패턴에 더 쓸 수 있게 해준다. 한편 로스코와 루이스를 비롯한 색면화가들은 색 자체를 강조해 더욱 날카롭게 주의를 집중시킨다. 바넷 뉴먼은 이 성취의 효과를 잘 요약한다.

> 우리는 숭고하고 아름다운 구식 이미지들을 연상시키는 대상이나 의지물이 전혀 없으면서도 그 자체가 자명한 현실인 이미지들을 창조하고 있다. (…) 우리가 창작하는 이미지는 자명하게 드러나는 현실적이고 구체적인 것이다. 역사라는 향수를 불러일으키는 안경을 쓰지 않고서 보는 사람이라면 누구나 이해할 수 있는 것이다.[12]

비록 아카데미 회화에서 쉽게 알아볼 수 있는 형상이 이 이미지들에 없긴 해도, 그 폭발적인 색채는 엄청난 감정적 힘을 발휘한다. 왜 그럴까? 한 가지 이유는 구상이 없는 추상화가 구상화와 전혀 다르게 뇌를 활성화한다는 것이다. 색면화는 감상자의 뇌에서 색채와 관련된 연상을 이끌어냄으로써 지각적·정서적 효과를 일으킨다. 다음 장에서 설명하겠지만 이 점은 중요하다. 뇌가 색깔을 처리하는 전담 영역을 지니고 있기 때문이다.

　　현대 추상화는 두 가지 주요 발전에 토대를 두었다. 형태로부터의 해방과 색채로부터의 해방이다. 조르주 브라크와 파블로 피카소가 이끈 입체파는 형태를 해방시켰다. 그 뒤로 현대미술은 바깥 세계에 도대를 둔 형태의 자연주의적 착시보다는 화기의 주관적인 전망이니 마음 상태를 나타내곤 했다. 현대에 들어와서 색채를 해방시킨 인물은 대체로 앙리 마티스였다. 그는 색채를 형태로부터 풀어주고, 그리하여 색채와 색 조합이 뜻밖의 심오한 감정적 효과를 일으킬 수 있음을 증명했다.

　　일단 색채가 더 이상 형태에 구애받지 않게 되자, 특정한 구상적 맥락에서는 "잘못된" 것이라고 여겨졌을지 모를 색채도 사실상 옳은 것이 될 수 있었다. 특정한 대상을 재현하는 것이 아니라 화가의 내면 전망을 전달하는 데 쓰였기 때문이다. 게다가 색채와 형태의 분리는 우리가 아는 영장류 시각계의 해부학적·생리학적 지식에 들어맞는다. 즉 형태, 색깔, 운동, 깊이는 대뇌에서 서로 분리되어서 분석된다. 사실 리빙스톤과 허블이 지적했듯이, 뇌졸중을 일으킨 사람들은 색깔, 형태, 운동, 깊이 중 무언가를 놀라울 만치 특정하게 상실하곤 한다.[1]

색을 식별한다는 것

색각color vision(색채를 구별해 인식하는 능력 — 옮긴이)은 망막의 중심에 주로 몰려 있는 감광세포 집단인 원뿔세포에 의지한다. 막대세포가 처리한 정보도 마찬가지이지만, 원뿔세포가 처리한 정보는 대뇌로 입력된다. 우리 눈은 세 종류의 원뿔세포를 지닌다. 각각은 서로 다른 광색소를 지닌다. 광색소는 빛에 관한 정보를 신경 신호로 전달하는 분자로서, 각각 가시광선 스펙트럼의 특정한 파장 범위를 감지한다. 우리 시각은 지구에 닿는 햇빛 중에서 가장 강한 비교적 좁은 파장대를 감지한다. 이 파장대는 지구의 대기를 통과할 수 있는 대역이기도 하다. 이보다 더 짧거나 긴 파장은 지구 대기에 흡수된다. 따라서 시각계(그리고 색각)는 우리가 환경에서 이용할 수 있는 것들 중에서 가장 나은 것을 활용하도록 진화했음을 보여주는 또 다른 놀라운 사례다.

가시광선 스펙트럼의 파장은 우리가 자주색이라고 지각하는 380나노미터부터, 짙은 붉은색으로 지각하는 780나노미터에 걸쳐 있다. 세 종류의 원뿔세포들이 감지하는 빛의 파장들이 겹치기 때문에, 우리 시각계는 빨강, 초록, 파랑이라는 세 값만으로 가시광선 스펙트럼

(a)

전자기 스펙트럼

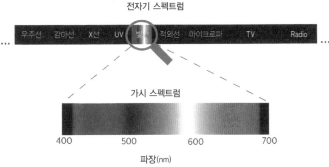

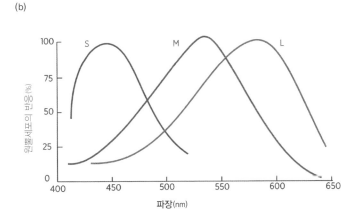

그림10.1 (a) 사람의 눈이 보도록 진화한 빛을 가시 스펙트럼(아래쪽)이라고 하며, 전체 전자기 스펙트럼(위쪽) 중에서 아주 좁은 범위를 차지한다. (b) 원뿔세포 세 종류의 감지 범위는 어느 정도 서로 겹친다.

의 색깔들을 다 재현할 수 있다. 즉 자연물에 으레 나타나는 단순한 구조들에서 반사되는 색들을 다 표현할 수 있다.

시각적 식별은 색각을 중심으로 이루어진다. 세상에는 색각이 없다면, 알아차리지 못했을 패턴들이 많이 있다. 또한 색각이 밝기의 변화와 결합되면 이미지의 구성 요소들 사이의 대비가 더 뚜렷해진다. 하지만 밝기의 변화 없이 색깔만 있으면, 인간의 시각은 공간적 세부 사항들을 검출하는 일에 놀라울 만치 서투르다.

뇌는 각 색깔을 독특한 정서적 특징을 지닌 것으로 처리하지만, 색깔에 대한 반응은 우리의 기분과 우리가 보는 맥락에 따라 달라진다. 맥락에 상관없이 정서적 의미를 지니곤 하는 언어와 달리, 색깔은 하향 처리가 일어날 여지가 상당히 많다. 그래서 동일한 색깔이 사람마다 다른 것을 의미하고, 동일한 사람에게서도 맥락에 따라 다른 것을 의미할 수도 있다. 대체로 우리는 뒤섞인 칙칙한 색보다는 밝은 원색을 선호한다. 화가들, 특히 모더니즘 화가들은 감정적 효과를 일으키는 수단으로서 과장된 색깔을 써왔지만, 그 감정의 가치는 보는 이와 맥락에 따라 달라진다. 색깔과 관련된 이 모호함은 그림 한 점이 사람들마다, 그리고 한 사람에게서도 시기마다 그토록 다른 반응을 이끌어낼 수 있는 한 가지 이유일 수 있다.

인상파와 후기 인상파의 감정적 색채 개발은 19세기 중반에 두 가지 기술적 돌파구 덕분에 가능해졌다. 첫째, 합성 색소들이 잇달아 도입되면서 화가들은 여태껏 이용할 수 없었던 다양하고 생생한 색깔을 쓸 수 있게 되었다. 둘째, 미리 혼합해 튜브에 담은 유화 물감을 이용할 수 있게 되었다. 그전까지 화가들은 건조된 색소를 손으로 직접 갈은 뒤에 결합제인 기름과 잘 섞어 써야 했다. 튜브에 담긴 물감이 등장하면서, 화가들은 엄청나게 많은 색깔을 쓸 수 있게 됨은 물론, 야외에서도 그림을 그리는 것이 가능해졌다. 물감 튜브는 다시 밀봉해 휴대할 수 있었기 때문이다.

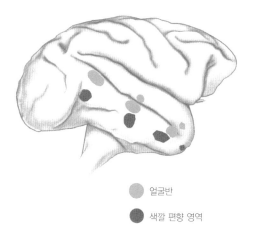

얼굴반

색깔 편향 영역

그림10.2 마카크원숭이의 뇌에 있는 얼굴반과 색깔 편향 영역의 위치.

　색면화가들의 작품이 우리 감정과 상상에 끼치는 충격을 생각할 때, 색깔이 얼굴 못지않게 뇌에 중요하다고 해도 놀랍지 않을 것이다. 바로 그것이 뇌가 색깔을 빛이나 형태와 별개로 처리하는 이유 중 하나라고 여겨진다. 3장에서 살펴봤듯이, 뇌의 아래관자엽에는 얼굴반이 여섯 개 있고, 각 얼굴반은 얼굴에 관한 특정한 정보를 처리한다. 최근에는 뇌의 '무엇경로'를 따라 더 간 곳에 색깔 정보와 형태 정보를 처리한다고 여겨지는 서로 비슷한 영역들이 있다는 것이 밝혀졌다.[2]

　색깔 편향 영역들도 얼굴반처럼 상호작용적이고 계층적으로 배열되어 있으며, 더 나중의 영역으로 갈수록 색깔 정보를 점점 더 선택적으로 처리한다(그림3.1 참조).[3] 물론 리빙스톤과 허블이 처음 보여주었듯이 색깔은 1차 시각 피질에서 형태와 따로 처리되지만, 아래관자엽의 색깔 편향 영역들은 대개 얼굴반 아래쪽에 위치해 있으면서 얼굴반과 연결되어 있다. 하지만 색깔 편향 영역과 얼굴반은 대개 겹치지 않는다. 둘 다 상호 연결된 망을 통해 정보를 처리하지만, 기능은 대체로 서로 독립되어 있다.[4] 각 연결망은 눈에 보이는 대상이 기능별로 나뉘어 표상된다는 것을 뜻한다.

이 드레스는 무슨 색일까요

색깔은 미술 작품을 볼 때의 우리 감정 반응에 심오한 효과를 미친다. 근본 이유는 생물학적으로 시각계가 뇌의 다른 계들과 연결되어 있기 때문이다. 색깔 편향 영역과 얼굴반이 들어 있는 아래관자엽은 기억을 다루는 해마, 그리고 감정을 조율하는 편도체와 직접 연결되어 있다.

편도체는 시각 피질의 몇몇 영역으로 정보를 보내며,[5] 그럼으로써 색깔 지각을 포함한 지각에 영향을 미친다. 대니얼 샐즈먼과 리처드 액설 연구진은 편도체의 특정한 세포들이 즐거운 자극에 선택적으로 반응하는 반면, 다른 세포들은 무서운 자극에 선택적으로 반응한다는 것을 발견했다.[6] 만약 즐거운 자극에 반응하는 세포에 중립적인 자극과 즐거운 자극을 동시에 주면, 중립적 자극은 즐거운 자극과 연관지어져 쾌감 반응을 일으킬 것이다. 다시 말해 즐거운 자극에 본능적으로 반응하는 세포는 짝짓기를 통해서 '학습된' 즐거운 기억들과 연관을 맺게 되고, 그리하여 하향 처리를 통해 지각에 영향을 미칠 수도 있게 된다. 이 세포들 중 일부는 특정한 색깔이나 색깔 조합에도 긍정적으로 반응할 가능성이 높다. 그렇다면 우리가 지각하는 다른 이미지들이나 그 색깔이 환기시키는 생각들도 조건 형성된 양성 반응을 이끌어낼 것이다. 이 현상은 군소에서 발견된 것과 동일한 연상 학습 메커니즘을 통해 일어날 수 있다(4장).

아래관자엽은 뇌의 다른 네 영역들과도 연결된다. 측좌핵nucleus accumbens, 안쪽관자엽, 눈확이마엽orbitofrontal cortex, 배쪽가쪽이마앞엽ventral lateral prefrontal cortex이다. 얼굴과 색깔이 행동, 긍정적·부정적 감정 반응들, 즐거움을 이끌어내는 능력, 대상을 인식하고 분류하는 능력에 영향을 미치는 과정에 이 연결들도 중요한 역할을 할지 모른다.[7]

색깔이 대상의 중요한 구성 요소이기는 해도, 고립된 속성은 아니다. 색깔은 밝기, 형태, 운동 같은 다른 속성들과 떼려야 뗄 수 없이 얽혀 있다. 그 결과 색각은 두 가지 독특한 기능을 한다. 색깔은 밝기와 함께 경계의 소유권을 확정짓는 데 기여하고, 한 대상 집단에서 그림자와 요소들을 명확히 한다. 따라서 색깔은 꽃무더기에서 각 꽃을 구별할 수 있게 해준다. 예를 들어 다음 사진의 분홍색 꽃과 주황색 꽃을 보라. 색깔 정보가 제거되면 두 꽃은 구별할 수 없다(중간 사진). 게다가 색깔은 우리가 대상을 알아보는 데 쓰는 표면 속성들을 파악하는 데에도 도움이 된다(꽃이 신선한지 시들었는지).

더 넓게 보면, 우리 뇌는 끊임없이 변하는 세계에서 대상과 표면의 영속적이고 본질적인 속성들에 관한 지식을 습득할 필요가 있다.[8] 이를 위해 뇌는 대상에 일어나는 변화들 중에서 불필요한 것들을 어떻게든 무시해야 한다. 우리의 색 지각은 뇌가 어떻게 그런 일을 하는지

(a) 천연색 이미지

(b) 흑백 이미지

(c) 색깔만 있는 이미지

그림10.3

(a) 밝기와 색깔의 변이에 관한 정보를 지닌 정상적인 천연색 꽃 이미지.

(b) 밝기의 변이를 포착하는 흑백 이미지. 밝기는 공간적인 세부 사항들을 식별하기 쉽게 해준다.

(c) 밝기의 변이에 관한 정보가 전혀 없이, 색조와 채도에 관한 정보만을 지닌 순수한 채색 이미지. 공간적 세부 사항들을 식별하기가 어려워진다.

를 보여주는 사례다.

한 대상에서 반사된 빛은 눈에 들어와 망막의 특정한 원뿔세포를 활성화한다. 뇌는 대상의 표면 반사율과 지면을 비추는 빛의 파장 조성을 둘 다 고려함으로써 그 빛의 파장 조성을 무의식적으로 파악한다. 표면 반사율은 광원에서 빛이 비칠 때 모든 방향으로 모든 파장에서 대상이 반사하는 가시광선의 총량이다. 즉 대상의 영속적이고 본질적인 속성이다. 뇌는 시각 장면에 있는 다른 특징들에 반사율이 미치는 효과로부터, 즉 맥락으로부터 주변 빛의 파장 조성을 추론한다. 그런 뒤 조명에 관한 정보를 내버리거나 무시하고, 실제 반사율에 관한 정보를 추출한다.

하지만 반사율은 결코 일정하지 않다. 해당 장면을 비추는 빛에 따라 끊임없이 변한다. 그럼에도 우리는 흐린 날이나 화창한 날에, 혹은 새벽녘이나 한낮이나 저녁녘에, 그렇게 각기 다른 조명 조건하에서도 초록잎 같은 대상을 알아본다. 각기 다른 조건하에 초록잎에서 반사되는 빛의 파장을 측정하면, 새벽녘의 잎이 주로 붉은빛을 반사한다는 사실을 알아차릴 것이다. 그 시간대에는 주로 붉은빛이 비추기 때문이다. 하지만 우리는 여전히 잎을 초록색으로 본다. 이처럼 잎의 본질적인 색깔을 유지하는 뇌의 능력을 색채 항상성color constancy이라고 한다. 사실 잎의 초록색이 그 반사되는 빛의 파장이 변할 때마다 달라진다면, 우리는 잎을 더 이상 색깔을 통해 알아볼 수 없을 것이다. 뇌는 어떤 다른 속성을 통해 잎을 알아봐야 할 것이고, 색깔은 생물학적 신호 전달 메커니즘으로서의 중요성을 잃을 것이다.

대상을 둘러싼 환경도 색깔을 결정하는 데 중요한 역할을 한다. 우리는 로스코의 1958년 작품 〈#36 검은 띠〉에서 이 점을 본다(그림9.3). 검은 띠에서 반사된 빛이 그 주변의 불그스름한 색깔들에 관한 우리 지각에 영향을 미친다. 설령 색깔이 가시광선 스펙트럼의 파장이라는 물리적 현실에 의존한다고 할지라도, 지각의 다른 측면들과 마찬가지로 결국 그것도 바깥 세계가 아니라 뇌의 속성이다.

색깔 모호성의 한 가지 흥미로운 사례가 2015년 2월 26일에 나타났다. 한 여성이 딸과 예비 사위에게 결혼식 때 입을 드레스 사진을 보냈다.[9] 딸은 그 옷을 흰색 바탕에 금색 띠가 있는 드레스라고 봤는데, 약혼자는 파란 바탕에 검은 띠가 있다고 봤다. 그러자 신부의 한 친구가 드레스 사진을 인터넷에 올려 어떤 색깔로 보이느냐고 물었다. 곧 소셜 미디어를 비롯한 온갖 곳에서 며칠 동안 색깔 논쟁이 벌어졌다. 드레스에 관한 두 지각은 전혀 상반된다. 흰색과 금색으로 본 사람들은 드레스가 파란색과 검은색일 가능성을 인정하지 않으려 했고, 그 반대도 마찬가지였다. 같은 드레스를 어떻게 이렇게 다르게 볼 수 있을까? 답은 조명의 차이, 그리고 뇌의 차이에 있다. 조명이 색깔의 통상적인 맥락적 정의를 뒤엎을 수 있음을 잘 보여준다.

색깔이 원뿔세포를 통해 매개되므로, 이 지각의 차이에 대해 제시된 한 가지 설명은 사람들의 망막에 있는 빨강, 초록, 파랑 원뿔세포의 비가 다르다는 것이었다. 하지만 랜돌프메이컨대학교의 시더 리너가 지적했듯이, 설령 이 비율이 크게 차이가 난다고 해도, 우리의 색깔 감수성에는 영향이 없다. 우리는 색깔을 휘도, 즉 망막에 들어오는 빛의 양을 토대로 지각한다. 사람마다 그림10.4의 조명에 관한 사전 경험이 다르며, 기댓값도 다르다. 빛의 세기뿐 아니라 파장의 조성

그림10.4 **(a)** 드레스는 흰색과 금색일까? **(b)** 파란색과 검은색일까?

그림10.5 대상의 겉모습은 주로 대상과 배경 사이의 대비에 의존한다. 위의 두 회색 고리는 밝기가 동일하지만, 배경이 다른 대비를 빚어내 서로 다르게 보인다.

에 대해서도 그렇다. 따라서 미술 작품, 또는 드레스의 지각에 영향을 미치는 개인적 경험과 믿음이 다르듯이, 색깔 처리 메커니즘에 영향을 미치는 개인적 역사와 기억도 다르다.

또 대상의 겉모습은 이미지와 주변 환경 사이의 대비에 상당한 수준까지 의존한다. 이를테면 그림10.5의 회색 고리가 동일한 밝기라고 해도, 배경이 다른 대비를 빚어내기 때문에 서로 다르게 보인다.

뇌는 표면 반사율에 관한 정보를 추출하고 조명에 관한 정보를 감안하면서, 언제나 망막으로 들어오는 빛의 양에 관해 결정을 내리고 있다. 하지만 드레스의 사례에서는 맥락이 바뀌지 않았음에도 시지각이 바뀌고 있다. 어떤 이들은 파란색을 빼버리고 그 드레스가 흰색과 금색이라고 본다. 다른 이들은 금색을 빼버리고 드레스가 파란색과 검은색이라고 본다.

그림10.4에서는 조명이 유달리 높은 수준의 모호함을 빚어낸다.[10] 드레스가 어떻게 조명을 받고 있는지 구별하기가 어렵다. 실내조명

이 밝을까, 어두울까? 조명이 노란색일까, 파란색일까? 이런 모호함을 접할 때, 뇌는 무의식적으로 잡음에서 질서를 추출해 특정한 지각 판단을 내린다. 그래서 저마다 드레스의 색깔이 어떻다고 서로 다른 결론을 내리게 된다.

사실 이 드레스의 줄무늬가 반사하는 빛이 어떤 가시 스펙트럼 범위에 속하는지는 알려져 있고, 직접 측정할 수도 있다. 이 드레스는 사실 파란색과 검은색이다. 사진의 배경에 놓인 대상들의 색깔에 초점을 맞춘다면, 우리는 그림10.4a의 빛이 너무 과하다는 것을 알 수 있다. 즉 과다 노출되고 있다는 의미다. 드레스는 사진에서 보이는 것보다 더 어두울 것이 틀림없다. 무의식적으로 이 결론에 도달한 뇌를 지닌 사람들에게는 드레스가 파란색으로 보인다. 하지만 다른 사람들의 뇌는 조명에 관해 다른 가정을 한다. 그늘 속에 있는(따라서 태양 자체가 아니라 파란 하늘로부터 반사된 빛을 받는) 대상들은 사실 파란빛을 꽤 많이 반사한다. 그 반사된 파란빛을 무시하라고 무의식적으로 결정을 내리는 뇌를 지닌 사람들은 드레스를 흰색이라고 본다.

퍼브스는 우리가 현재 이해하고 있는 관점에서 이 모든 것을 요약했다. "사람들은 색깔이 대상의 속성이라는 개념을 고집한다. 사실은 뇌가 만들어내는 것인데 말이다."[11] 드레스 사례가 명확하게 보여주듯이, 색깔 지각은 하향 처리에 크게 영향을 받는다. 화가는 이 사실을 이용하며, 또한 빨강이 '사랑, 용기, 피', 초록이 '봄, 성장'을 나타내는 것처럼 색깔이 종종 감정을 전달한다는 사실 역시 이용한다. 하지만 모든 사례에서 색깔에 의미를 부여하는 것은 결국 보는 이이며, 감상자는 선과 질감에 대해서도 그렇게 한다.

| 빛에 주목하다 |

감상자가 더욱더 상상력을 발휘하도록 유도하는 극도로 환원된 미술 형식을 추구하면서, 일부 화가들은 오로지 빛과 색, 또는 단순히 빛만으로 작품을 창조하는 쪽을 택했다. 이 작품들은 전시 공간을 변형시킨다. 감상자를 미술 작품 내에 물리적으로 통합시키고, 때로는 환각 효과도 자아낸다.

미술 작품이 된 형광등

댄 플래빈은 의도적으로 자신의 미술을 빛과 색에 한정시킨 화가다. 플래빈은 1933년 뉴욕주 퀸스에서 태어났고, 1960년대에 컬럼비아대학교에서 미술사를 연구했다. 이 시기에 그의 소묘와 물감 그림은 뉴욕학파의 영향을 받았다. 나중에 그는 찌그러진 깡통 등 길에

그림11.1　댄 플래빈, 〈1963년 5월 25일의 대각선(콘스탄틴 브랑쿠시에게)〉, 1963년.

서 주운 물건들을 이용한 콜라주 작품을 제작했다. 그의 첫 돌파구
는 1963년에 열렸다. 〈1963년 5월 25일의 대각선(콘스탄틴 브랑쿠시에
게)〉를 내놓으면서다. 이 작품에서 플래빈은 가게에서 사온 형광등을
썼다. 그 뒤로 형광등은 그를 상징하는 물건이 되었다. 그는 아무런
장식도 치장도 없이, 노란 형광등 하나를 화랑 벽에 45도로 붙였다.
그는 이 형광등이 자신에게 "개인적 희열의 대각선"이라고 했다.

　플래빈은 상점에서 구할 수 있는 표준 형광등 기구를 이용하여 빛
을 내는 설치 작품을 만든다. 즉 빛과 색으로 이루어진 환경을 조성
하는 것이 그의 창작 활동이다. 〈아이콘 V(코란의 브로드웨이 살)〉 같은
초기 작품에서 그는 그림의 가장자리에 전구를 붙였다. 때때로 형광
등 자체가 작품의 중심이 되기도 했다. 형광등이 그 자체로 미술 작품

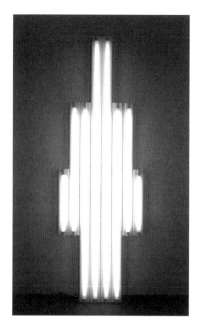

그림11.2 댄 플래빈, 〈V. 타틀린을 위한 "기념비"〉, 1969년.

이 될 수 있나는 점을 명백히 함으로써, 플래빈은 마르셀 뒤샹의 발자취를 따르고 있었다. 20세기 초의 프랑스 화가인 뒤샹은 소변기와 자전거 바퀴처럼 기성품을 이용한 작품을 내놓은 것으로 유명하다. 그는 평범하고 실용적인 물건들이 예술적 환경에 놓이면 예술 작품이 된다는 것을 보여줌으로써 예술 창작의 기존 역사에 도전한 바 있었다. 이 개념은 앤디 워홀과 제프 쿤스를 통해 더 다듬어졌다. 플래빈처럼 그들도 실용적인 물건이 영적인 가치를 지닐 수 있음을 보여주었다.

〈대각선〉 이후에 플래빈은 〈V. 타틀린을 위한 "기념비"〉를 내놓았다. 러시아 화가 블라디미르 타틀린에게 바친 일련의 조각 작품 중 하나인 이 작품에서, 플래빈은 다양한 크기의 형광등을 조합해 건축 구조를 만들어냈다.

플래빈의 작품은 사물로서의 미술이라는 기존 개념에 도전한다. 빛은 등 기구에서 뿜어져나오면서 공기에 배어들고 벽, 바닥, 감상자에게 부딪혀 반사된다. 그러면서 우리 자신과 미술 작품 사이의 구분을 흐릿하게 하고 우리를 작품의 일부가 되게 한다. 풍부한 색과 빛이 자아내는 분위기에 휩싸이면서 감상자는 작품과 독특한 관계를 맺게 된다. 그의 작품이 있는 공간에서 우리는 그 빛을 통해 자신을 보며, 실내에 있는 다른 조명을 기본적으로 무시한다.

순수한 빛이 주는 심오한 계시

제임스 터렐(1943~)은 빛을 전혀 다른 방향으로 확장하여 이용한다. 플래빈이 빛과 색의 환경을 조성한 반면, 터렐은 순수한 빛과 공간의 진정한 물리적 존재 자체로부터 놀라운 예술 작품을 창조한다. 단토에 따르면 그것은 "마치 신비한 환상인 양 경험하는 아름답고 만질 수 없는 직사각형의 빛"[1]이다.《뉴요커》의 미술평론가 캘빈 톰킨스는 터렐의 작품이 빛에 관한 것도, 빛의 기록도 아니라고 하면서 이 개념을 정교하게 다듬는다. "그것은 빛 자체다. 빛이라는 물리적 존재가 감각적 형태로 표현된 것이다."[2] 그의 매체는 순수한 빛이며, 그 결과 그의 작품은 빛의 지각과 물질성에 관한 심오한 계시를 준다.

그림11.3 제임스 터렐, 〈아프룸 I(하양)〉, 1967년.

터렐의 장치가 자아내는 정제된 형식 언어와 고요하면서 거의 경건한 분위기에 힘입어서 감상자는 빛, 색, 공간을 탐구하게 된다. 그의 작품들은 빛이 우리의 의식을 넘어 무의식에 시각적·감정적 효과를 미친다는 것을 보여주고 찬미한다.

터렐은 캘리포니아주 패서디나에서 태어났고, 어릴 때부터 빛에 흥미를 느꼈다. 포모나대학교에서 지각심리학을 전공했는데, 특히 간츠펠트 효과Ganzfeld effect를 연구했다. 간츠펠트는 시야 전체를 가리키는 독일어로, 눈에 갇힌 극지방 탐험가나 짙은 안개 속에서 비행하는 조종사가 겪는 경험을 말한다. 시야의 모든 것이 동일한 색과 밝기를 지닐 때, 우리 시각계는 폐쇄된다. 하양은 검정과 동등하고, 검정은 무와 동등하다. 이런 일이 장기간에 걸쳐 일어날 때 환각을 경험할 가능성이 높다. 독방에 갇힌 죄수도 이 현상을 경험한다.

미국항공우주국과도 일한 바 있는 터렐은 18세기에 버클리가 처

그림11.4 제임스 터렐, 〈치밀한 끝〉, 2005년.

음 제시했던 개념을 강조한다. 즉, 우리가 시각적으로 직면하는 현실이란 우리 자신이 창조한 현실이라는 개념이다. 다시 말해 현실은 우리의 지각적·문화적 한계 내에 있다는 것이다. 터렐은 자신의 작품을 이렇게 설명한다. "내 작품에는 대상도, 이미지도, 초점도 전혀 없다. 대상도, 이미지도, 초점도 없다면 당신은 무엇을 보고 있는 것일까? 당신은, 보고 있는 자신을 보고 있다. 내게 중요한 것은 무언無言의 생각의 경험을 창조하는 것이다."[3]

1966년부터 터렐은 우리의 공간 지각을 변화시키기 위해 빛을 조작하는 다양한 방법들을 탐구했다. 〈아프룸 I(하양)〉에서 우리는 입체 물체를 지각한다. 방의 모퉁이에 떠 있는 빛나는 정육면체다. 하지만 정육면체에 다가가서 자세히 살펴보면, 그냥 단순히 평면에 비친 빛에 불과함을 알게 된다.

대조적으로 〈치밀한 끝〉은 화랑 공간 전체에 빛을 발하는 직사각형 빛의 장이다. 그의 모든 작품이 그렇듯이, 터렐이 빛으로 이런 경이로운 효과를 창안하기 위해 쓴 기구는 눈에 보이지 않는다. 그래서 우리는 오로지 자신의 지각에 의지하여, 무엇을 보고 무엇을 경험하는지를 해석할 수밖에 없다.

| 구상화의 새로운 물결 |

비록 20세기 중반에 추상표현주의가 정점에 다다랐을 무렵에도 구상이 결코 완전히 사라진 것은 아니었지만, 미국의 모든 이들은 진보적인 예술 형식으로서의 초상화는 끝장났다는 데 동의하는 듯했다. 빌럼 데 쿠닝은 1960년에 이 생각을 명확히 표현했다. "사람의 모습 같은 이미지를 물감으로 그린다는 것은 불합리하다." 1968년 《타임》지는 화가 앨프리드 레슬리의 말을 인용했다. "현대미술은 어떤 의미에서는 구상화를 살해했다." 화가 척 클로스는 이 시기를 "당신이 할 수 있는 가장 어리석고, 자멸적이며, 시대에 뒤떨어지고, 진부하기 그지없는 것이 바로 초상화를 그리는 것이었다"라고 기억한다.

하지만 1950년대에는 놀라운 추세가 이미 일어나기 시작했다. 알렉스 캐츠, 앨리스 닐, 페어필드 포터를 비롯한 많은 화가들이 구상화와 초상화를 전문적으로 그리기 시작한 것이었다. 하지만 그들은 추상으로부터 흡수한 교훈을 토대로 새로운 관점을 취했다. 몸짓의 생명력, 열정, 환원주의가 바로 그것이었다.[1] 앞서 살펴보았듯이 미술에서 형태의 해체는 터너와 모네부터 암묵적으로 시작되었고, 뉴욕학파의 추상화가들이 등장하면서 노골적으로 이루어졌다. 추상화가들은 세 가지 새로운 전통에 영향을 미쳤는데, 각각 해체에 계속 주안점을 둔 전통이었다.

첫 번째 전통인 '구상으로 돌아간 환원주의자'는 누구보다도 캐츠가 개척했다. 그는 뉴욕학파를 잘 알았고, 해체되고 단순한 초상화를 그리기 위해 단색 배경을 쓰기 시작했다. 캐츠는 두 번째 전통인 '팝아트'를 예견했고, 특히 로이 릭턴스타인, 재스퍼 존스, 앤디 워홀에게 큰 영향을 미쳤다. 그리고 워홀은 클로스에게 영향을 미쳤고, 클로스는 세 번째 전통인 '해체에 이은 종합'을 개척했다.[2]

이 세 전통을 차례로 살펴보자.

초상화를 혁신하다

알렉스 캐츠는 1927년 뉴욕 브루클린에서 태어나서, 뉴욕의 쿠퍼유니언과 메인주의 스코히건예술학교에서 공부했다. 그는 잭슨 폴록과 데 쿠닝의 전성기 때 성년이 되었고, 그들의 추상표현주의에 영향을 받았다. 뉴욕의 미술계는 좁았기 때문에, 화가들은 종종 상호작용을 했으며 캐츠도 예외가 아니었다. 그는 화가들과 작가들이 모여 의견을 교환하곤 하던 시더스트리트 태번(숙박시설을 겸한 술집 ─옮긴이),

클럽, 그 밖의 식당과 술집을 들르곤 했다. 캐츠는 추상표현주의의 규모와 급진적인 창의성에 영감을 얻었고, 색을 마치 중력을 지닌 양 전달하는 로스코의 능력에 큰 영향을 받았다. 그럼에도 캐츠는 화가 생활 초창기부터 재현 이미지에 초점을 맞추기로 결심했다. 그는 환원적 추상 기법을 초상화의 사고방식과 융합하는 것이 가능할지에 특히 흥미를 느꼈다. 이윽고 그는 색과 양식화한 묘사를 대담하게 사용하여 인물을 그렸고, 이로써 팝아트를 예고했다.[3]

캐츠는 구상미술에 새로운 환원주의적 개념을 도입했다. 그의 그림은 배경이 평면적이고 관습적인 원근법도 없다. 게다가 그는 이야기보다 회화적 가치를 더 강조했다. "나는 무엇인가가 어떤 의미를 지니는가보다 양식과 외양에 더 관심을 갖고 있다. 내용 대신에 양식을, 아니 양식이 곧 내용이 되도록 하고 싶다. (…) 사실 나는 의미가 텅 비는, 내용이 텅 비는 쪽이 더 좋다."[4]

그의 환원론적 경향은 단순성과 강조된 색채를 통해 더욱 두드러진다. 이 두 가지는 나중에 팝아트 화가들을 통해 더 발전된다. 캐츠의 초상화는 우리 눈을 사로잡고, 마음속에 구상과 추상 사이의 대화를 일으킨다. 또한 그의 초상화는 추상표현주의로부터 기념비적인 규모, 낯선 구성, 극적인 조명을 취하며, 그것들은 평면적이고 억제되어 있으며 미니멀리즘적이다. 이들 초상화에 담긴 독특하면서 평면적이고 단순화한 얼굴들은 상업 미술과 연결되었고, 구상의 복귀에 기여했다. 캐츠는 아내 에이다를 모델로 삼아 250점의 초상화를 그렸다.

캐츠의 여러 중요한 초상화 중에 특히 흥미를 끄는 작품은 여성 패

그림12.1 알렉스 캐츠, 〈애나 윈터〉, 2009년.

그림12.2 알렉스 캐츠, 〈로버트 라우션버그의 이중 초상화〉, 1959년.

션을 선도하는 전설적인 인물이자 오랜 세월 《보그》지의 편집장을 맡고 있는 애나 윈터를 그린 것이다. 윈터는 화려한 색을 선호하고 개성적인 선글라스를 끼고 있는 것으로 유명한데, 캐츠는 그런 것들을 다 제거하고 그녀를 노란 배경 속에서 부드러운 조명 아래 그렸다.

〈로버트 라우션버그의 이중 초상화〉에서는 인물을 이중으로 그림으로써, 감정적 의미를 읽으려는 유혹을 두 사람 사이의 상호작용으로 옮겨놓는다. 이미지의 연쇄적 반복은 나중에 앤디 워홀을 비롯한 화가들도 채택했다. 비록 캐츠는 라우션버그와 윈터의 초상화에 의미와 내용이 없다고 주장하지만, 슈피스는 이 자신만만한 침착함을 드러내는 평면적이고 절제된 초상화들에 에드바르 뭉크의 작품과 에드워드 호퍼의 우울함을 떠올리게 하는 고독이 담겨 있다고 본다.[5]

워홀과 팝아트

팝아트는 1950년대 중반에 영국에서 하나의 운동으로 출현했고, 곧바로 미국으로 건너가 릭턴스타인, 존스, 워홀의 작품에 등장했다. 대중문화의 표현 양식을 도입해 전통 회화에 도전장을 던진 미술 양식이었다. 팝아트, 특히 워홀의 작품이 캐츠와 추상표현주의에 강한 영향을 받기는 했지만, 팝아트는 추상적이지도 그다지 환원적이지도 않았다. 그보다 워홀은 캐츠가 도입한 이미지의 평면성과 중복에 영감을 얻어서 전혀 새로운 방향으로 나아갔다.

앤디 워홀(1928~1987)은 펜실베이니아주 피츠버그에서 태어났다.

1949년 회화디자인 전공으로 카네기공대를 졸업한 뒤, 뉴욕시로 가서 패션 잡지의 일러스트레이터로 일하기 시작했다. 나중에 상업 디자인 방법을 초상화에 적용해 유명 인사들의 영속적이고 때로 수수께끼 같은 인상을 풍기는 초상화들을 그렸다. 손으로 그림을 그리는 방식을 실험한 뒤, 그는 변형한 실크 스크린 기법으로 돌아섰다. 사진 인쇄술을 이용해 복제하는 기법을 토대로 한 방법이었다. 그는 여생 동안 그 방식으로 그림을 제작했다.

아마 워홀 초상화의 가장 놀라운 특징은 캐츠를 본받아서 동일한 인물의 이미지를 반복해 사용한다는 점일 것이다. 재클린 케네디, 마릴린 먼로, 엘리자베스 테일러, 말론 브란도 같은 유명 인사들이 대상이었다. 이로써 워홀은 그 사람을 예술적 아이콘으로 만들었다. 이렇게 한 개인의 거의 동일한 이미지들을 통해서 그는 인물의 개성, 더 나아가 정체성을 파악하기 어렵다는 점을 전달했다. 자신이 그리는 인물이 내중에게 일나나 친숙하든 간에, 워홀은 그들을 본질적으로 알 수 없는 존재로 묘사한 것이다.

워홀은 1963년 11월 22일, 존 F. 케네디 대통령이 암살된 뒤로, 미망인인 재클린 케네디에게 관심을 갖기 시작했다. 1964년 그녀의 첫 초상화를 그릴 무렵, 워홀은 이미 엘리자베스 테일러와 마릴린 먼로의 실크 스크린 초상화뿐 아니라, 수프 깡통, 꽃, 인종차별 반대 시위 장면을 그린 상태였다. 이런 주제들(유명 인사, 비극적 죽음, 화제가 된 사건, 소비 양상, 유행하는 장식)은 그의 미술에서 핵심으로 남아 있었고, 몇 가지는 재키의 초상화에 녹아들었다.

워홀은 캐츠와 비슷하게 '연속물을 통해 감정을 제거한다'는 생각

그림12.3 앤디 워홀, 〈재키 II〉, 1964년.

을 갖고서 복제 가능한 인쇄물과 여러 중복되는 그림을 내놓곤 했다. 그는 이렇게 말했다. "똑같은 것을 더 많이 볼수록, 의미는 사라지고 느낌은 더 강해진다."[6] 워홀은 주로 이야기를 피하고 속물적인 측면에 초점을 맞춤으로써 공허함을 달성했다. 하지만 재클린의 사례에서는 비극적인 개인사를 미국 역사의 비극적인 순간과 결부시켰다.[7]

가까이, 또 멀리

뇌과학에서는 환원주의를 적용한 뒤에 다시 종합, 즉 재구성을 시도하는 사례가 흔하다. 부분들을 하나로 결합했을 때 전체가 설명되는지 알아보기 위해서다. 그런 종합은 미술에서는 드물다. 화가 척 클로스는 바로 그 점에서 독특하다.

그림12.4 척 클로스, 〈셜리〉, 2007년. ⓒ Chuck Close, courtesy Pace Gallery

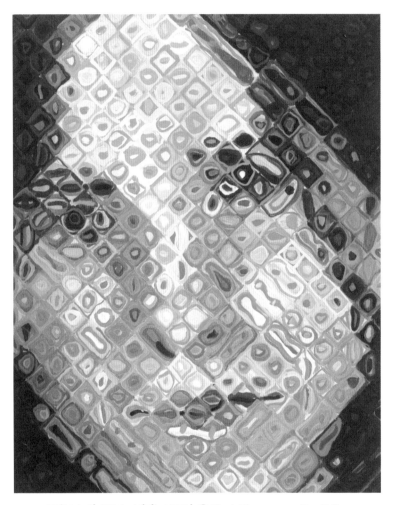

그림12.5 척 클로스, 〈매기〉, 1996년. ⓒ Chuck Close, courtesy Pace Gallery

클로스는 1940년 워싱턴주 먼로에서 태어났다. 그는 심각한 읽기 장애가 있었고, 학교에서 산수를 비롯한 여러 과목에서 낙제 점수를 받았다. 다행히도 그의 부모는 예술가였고, 그에게 일찍부터 창작 쪽으로 관심을 갖도록 격려했다.

14세 때 클로스는 한 전시회에서 폴록의 작품을 보았고, 그 일을 계기로 화가가 되겠다는 결심을 더욱 굳혔다. 클로스는 워싱턴 대학교에 들어가서 데 쿠닝의 기법을 토대로 한 추상 양식을 개발했다. 졸업한 뒤 그는 예일대학교 미술대학원에 들어갔다. 그곳에서 추상미술에서 초상화로 완전히 돌아섰다. 하지만 문제가 하나 있었다. 클로스는 얼굴인식불능증, 즉 얼굴맹도 앓고 있었다. 그는 얼굴이 얼굴임을 알아볼 수는 있지만, 누구의 얼굴인지는 알아볼 수 없었다. 얼굴로 사람을 구별할 수 없었던 것이다. 특히 얼굴의 3차원성을 파악하는 데 어려움이 있었다.

초상화를 그리고 싶지만 얼굴을 알아보지 못한다는 문제를 해결하기 위해, 클로스는 사진술과 회화를 결합해 새로운 환원주의적-종합적 초상화 양식을 개발했다. 이 양식은 나중에 포토리얼리즘photorealism이라고 불리게 된다. 클로스는 먼저 모델의 대형 폴라로이드 사진을 찍는다. 그런 뒤 사진 위에 투명한 판을 올려놓고, 그 투명한 판을 여러 작은 칸으로 나눈 다음 각 칸을 독특한 방식으로 꾸민다(과격한 환원주의 단계). 그런 뒤 장식한 칸을 캔버스로 옮긴다(종합 단계). 이로써 환원적 과정이 복잡하고 풍성한 세부적인 측면들을 갖춘 최종 결과물을 낳는 역설적인 결과를 얻게 된다.

1960년경 클로스와 그의 포토리얼리즘은 뉴욕 미술계에서 널리 인정을 받았고, 그는 캐츠와 함께 초상화를 당대의 도전할 만한 새로운 표현 형식으로 부활시키는 데 기여했다. 1970년경 클로스는 미국의 손꼽히는 생존 화가 중 한 명으로 여겨졌다. 메조틴트 기법과 격자선은 그의 많은 초상화 작품들의 주된 특징이다.

화가 인생 내내 클로스는 단 한 가지 대상만을 그려왔다. 바로 사람의 얼굴이다. 자신의 얼굴도 있고, 자녀, 친구, 동료 화가의 얼굴도 있다. 각 얼굴은 세심하게 구성한 색색의 사각형으로 이루어진 격자망 안에 짜이므로, 매기나 셜리의 초상화를 가까이에서 보면 초상을 격자로 과격하게 환원시킨 것만이 보인다. 하지만 점점 더 멀리 걸음을 옮기면 그 격자들이 얼굴로 종합되는 것이 보인다. 이 초상화들은 사람의 정체성이 고도로 구성된 복합체라는 클로스의 철학도 보여준다.

4부

추상미술과
과학의 대화

13장

| 왜 환원주의가 미술에서 성공했을까 |

　뉴욕학파의 추상화가들은 우리 주변의 복잡한 시각 세계를 그 본질인 형태, 선, 색, 빛으로 환원하는 데 성공했다. 이 접근법은 지오토와 피렌체의 르네상스 화가들로부터 모네와 프랑스 인상파 화가들에 이르는 서양미술의 역사와 선명하게 내비된다. 르네상스 이후의 화가들은 2차원 화폭에 3차원 세계의 착시를 일으키기 위해 애썼다. 하지만 19세기 중반에 사진술이 등장하면서 화가들은 새로운 형식(추상, 비구상미술)을 창안할 필요성을 느꼈다. 그들은 새로운 형식을 창안할 때 과학에서 나온 새로운 개념들도 일부 받아들이게 된다. 또 화가들은 자신의 추상 작품과 음악 사이의 유사점을 알아보기 시작했다. 음악은 내용이 전혀 없이, 소리와 시간 분할이라는 추상적 요소들을 이용하면서도 엄청난 감동을 주었다.

　우리는 미술에 대한 반응의 생물학적 토대를 탐구하는 일을 이제야 겨우 시작한 상태다. 하지만 추상미술이 왜 감상자에게 능동적이고 창의적이며 풍성한 반응을 일으킬 수 있는지 몇 가지 단서를 갖고 있다. 물론 이 단서들은 시작에 불과할 뿐이다. 우리는 환원주의가 미술의 가장 본질적이고 강력한 측면들을 추출하는 데 성공할 수 있는 이유와 때때로 영적인 느낌을 불러일으키는 이유도 이해하고 싶다.

구상, 색, 빛으로 환원시킨 일부 추상 작품들이 어수선하지 않다는 점이 한 가지 이유일 수 있다. 하지만 잭슨 폴록의 액션페인팅처럼 추상 작품은 정돈되어 있지 않을 때에도 대체로 외부의 지식 체계에 의존하지 않는다. 각 작품은 위대한 시처럼 고도로 모호하며, 바깥 환경에 있는 사람이나 사물을 참조하지 않고 작품 자체에 주의를 기울이도록 한다. 그 결과 우리는 자신의 인상, 기억, 열망, 감정을 화폭에 투사한다. 정신분석학에서 말하는 감정 전이(이때 환자는 치료사를 상대로 부모나 다른 중요한 사람과의 경험을 재연한다)의 완벽한 사례 같기도 하고, 혹은 선불교 명상을 할 때 진언을 계속 읊조리는 것 같기도 하다.

피터르 몬드리안과 색면화가들의 작품에서 명확히 드러나듯이, 하향 정보는 추상미술이 유도할 수 있는 '영적으로 고양되는 느낌'에 크게 기여한다. 하향 처리에 시지각뿐 아니라 기억, 감정, 공감을 담당하는 뇌 체계들도 관여하기 때문이다.

추상미술이 제약(로스코는 이를 "대상들의 친숙한 정체성"이라고 했다) 없이 우리 자신의 상상을 작품에 투영할 수 있게 해준다는 주장은 더 큰 의문을 불러일으킨다. 추상미술에 대한 우리의 반응은 구상미술에 대한 반응과 어떻게 다를까? 추상미술은 감상자에게 무엇을 제공할까?

추상미술의 새로운 규칙들

서양미술 역사 내내, 상향 처리와 하향 처리가 동등하게 감상자의 몫에 기여를 한 것은 아니다. 르네상스미술과 추상미술을 비교하면 알 수 있다.

대개 뇌는 망막에 비치는 빛의 패턴으로부터 깊이에 관한 정보를 추출한다. 르네상스미술은 이러한 뇌의 규칙들에 잘 들어맞는다. 르네상스미술은 앞쪽에 놓을 대상의 크기를 줄이고, 입체감을 부여하고, 명암을 이용하는 등 원근법의 요소들을 써서 3차원 자연 세계를 재창조한다. 뇌가 망막에 비치는 평면적인 2차원 이미지의 3차원 원천을 추론할 수 있도록 진화한 바로 그 도구들이다(우리 생존에 중요한 도구). 사실 고전적인 화가들의 원근법, 조명, 형태에 관한 실험들은 상향 처리를 낳는 계산 과정들을 직관적으로 재현하는 것이라고 주장할 수도 있다. 지오토를 비롯한 초기 서양 구상화가들부터 인상파, 야수파, 표현주의 화가들에 이르기까지 모두 여기에 포함된다. 16세기 다빈치, 미켈란젤로 등의 매너리즘 화가들이 이 추세에 반기를 들기는 했어도, 20세기 초까지 서양미술의 전반적인 흐름은 평면에 3차원 세계를 투영한 이미지를 재창조하는 것이었다.

추상화에서는 요소들이 대상의 시각적 재현물로서가 아니라, 대상을 어떻게 개념화할지를 알려주는 단서나 참조물로서 들어간다. 추상화가들은 자신이 보는 세계를 묘사할 때, 원근법과 전체적인 묘사를 제거한다. 그럼으로써 상향 처리의 구성단위들 상당수를 해체할 뿐 아니라, 상향 처리의 토대가 되는 전제들 일부도 파기한다. 우리는 단편적인 선들을 연결해보려고 하면서 추상화를 훑는다. 알아볼 수 있는 윤곽과 대상을 찾기 위해서다. 하지만 마크 로스코, 댄 플래빈, 제임스 터렐 같은 이들의 가장 파편화한 작품들에서는 그런 노력이 좌절을 겪는다.

추상미술이 감상자에게 그런 엄청난 도전 과제를 제기하는 이유는 무엇일까. 그것은 우리에게 미술을, 그리고 어떤 의미에서는 세계를 새로운 방식으로 보라고 가르치는 것이다. 추상미술은 우리 시각계에 뇌가 재구성하도록 진화한 유형의 이미지와는 근본적으로 다른 이미지를 해석하라고 감히 도전한다.

올브라이트가 지적했다시피,[1] 우리는 생존이 인지에 의존하기 때문에 필사적으로 연상을 "모색한다". 강력한 구상 단서가 없을 때 우리는 새로운 연상을 만든다. 철학자 데이비드 흄도 비슷한 점을 지적했다. "마음의 창의력이란, 감각과 경험이 우리에게 제공하는 재료들을 결합하거나 전환하거나 늘리거나 줄이는 기구에 다름 아니다."[2]

미술사학자 잭 플램은 추상의 이 측면을 "진리에 관한 새로운 주장"이라고 말한다.[3] 원근법을 해체함으로써, 추상미술은 우리 뇌를 상향 처리에 관한 새로운 논리와 대면시킨다. 몬드리안의 작품은 대상을 처리하는 뇌의 초기 단계(선분들과 방향 축에 의지하는 단계)에, 그리고 뇌의 색깔 처리에 심하게 의존한다. 그러나 이 상향 처리는 포괄적이고 창의적인 하향 처리를 통해 완전히 뒤집히거나 수정될 가능성이 높다.

구상화(풍경화, 초상화, 정물화)는 각각의 범주에 속하는 특정한 이미지들에만 반응하는 뇌 영역들을 활성화한다. 반면에 뇌 기능 영상 연구들은 추상미술이 이런 범주 특이적 영역들을 활성화하지 않는다는 것을 보여주었다. 추상미술은 그보다는 모든 미술 형식들에 반응하는 영역들을 활성화한다.[4] 따라서 우리는 배제함으로써 추상미술을 본다. 즉 우리는 자신이 보고 있는 것이 어느 특정한 범주에 속하지 않는다는 것을 무의식적으로 깨닫는 듯하다.[5] 어떤 의미에서, 추상미술의 지각적 성취 중 하나는 덜 친숙하거나 아예 낯선 상황에 우리를 노출시키는 것이다.

더 폭넓은 의미에서, 감상자의 반응은 세 가지의 주요 지각 과정들로 이루어져 있다고 볼 수 있다. 회화적 내용과 이미지 양식 분석, 이미지가 불러낸 하향 인지적 연상, 이미지에 대한 상향 감정 반응이 그것이다.[6] 이미지의 추상화 자체는 우리에게 현실과 어떻게든 분리되어 있다는 느낌을 주며, 그것은 하향 자유 연상을 자극한다. 그 연상은 우리에게 보상을 안겨준다. 시선을 추적하는 실험을 해보니, 추상미술을 볼 때 우리 뇌는 알아볼 수 있는 두드러진 특징들에 초점을 맞추기보다는 그림의 전체 표면을 훑는 경향이 있다는 것이 드러났다.[7]

현실에서 우리는 미니멀리즘 그림과 놀라울 만치 비슷한 단순한 표면들을 줄곧 보고 있다. 벽, 칠판 등이 그것이다. 현대 미니멀리즘 화가들은 이런 단순한 표면들을 창의적으로 틀에 넣고 촉각 요소, 색, 빛을 배치함으로써, 감상자에게 상상을 자극하는 반응을 불러낼 수 있다는 것을 깨달았다. 우리는 프레드 샌드백(1943~2003)의 작품에서 이 개념을 본다. 그는 상점에서 구입한 아크릴 실을 벽의 여러 지점에 매어서 사각형이나 삼각형 같은 단순한 기하학적 모양의 윤곽을 만

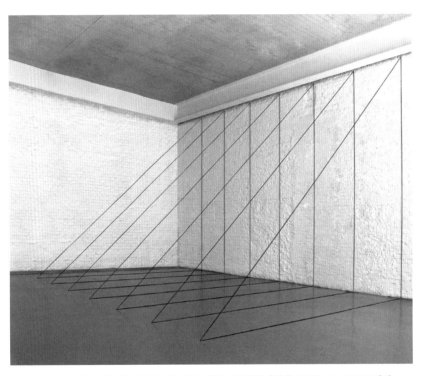

그림13.1 프레드 샌드백, 〈무제(조각 연구, 일곱 개의 직각삼각형 구조)〉, 1982/2010년경.

들었다. 다른 미니멀리즘 화가들처럼, 샌드백도 감상자가 지금 당장 이곳에, 즉 지금 이 순간에 주의를 집중하길 원했다. 어떤 입체적인 대상이나 상징적인 참조물을 제공하지 않는 새로운 맥락 속에 작품을 배치한다. 그럼으로써 우리 시지각이 벽에 전시된 단순한 실물들을 어떻게 변형시킬 수 있는지를 경험할 수 있게 해준다.

샌드백은 자신의 초기 탐사를 이렇게 말한다. "내가 끈과 약간의 철사로 만든 최초의 조각품은 바닥에 놓여 있는 (…) 직육면체 윤곽이었다." 그것은 무심결에 한 행위였지만, 그에게 내부가 없는 조각품을 만들 무궁무진한 기회를 열어주었다. 덕분에 그는 어떤 공간도 차지하지 않고도 물질성을 온전히 간직한 부피나 특정한 장소를 주장할 수 있게 되었다. 그림13.1의 조형물은 한구석에 세워져 있기 때문에 3차원으로 보이지만, 이 평면 삼각형들을 바닥 한가운데 세워놓아도 동일한 효과를 낸다. 감상자는 양쪽 면이 위로 뻗어 있는 입체적인 조형물인 양 느끼게 된다. 이 미술 작품들의 놀라운 섬은 우리가 공산의 윤곽을 나타내는 모서리(실)보다는 그 안에 담긴 부피에 더 집중을 하게 된다는 것이다.

공허와 부피, 무형과 유형의 상호작용을 탐구하면서, 샌드백은 허구적인 것과 사실적인 것이 떼려야 뗄 수 없이 얽혀 있음을 깨달았다. 그는 과격한 환원주의자의 방식으로 다음과 같이 주장한다. "사실과 환상은 동등하다"라고.

창의적인 관찰자로서의 감상자

몬드리안, 로스코, 모리스 루이스 같은 추상화가들은 시지각이 복잡한 정신 과정임을 직관적으로 이해했으며, 감상자의 주의와 지각의 다양한 측면들을 동원하는 방식들을 폭넓게 실험했다. 몬드리안과 로스코는 형태와 색을 추출했고, 그럼으로써 심리적으로 새로운 방식으로 미술에 주의를 기울이게 했다. 폴록이 지적했듯이, 추상을 통해서 화가들은 미술이 무의식적 마음속에 존재하는 것과 동일한 방식으로 캔버스나 종이 같은 2차원 표면에 존재할 수 있음을 보여줄 수 있었다. 자연, 시간, 공간에 독립적으로 말이다.

이 새로운 견해는 화가들이 자기 앞에 있는 세계를 묘사하는 방식을 영구히 바꾸었다. 또 색의 얼룩, 빛, 다양한 방향의 선 같은 단서들에 반응해 자유 연상을 하도록 함으로써, 우리가 이미지를 이해하는 방식도 바꾸었다. 그 결과 추상미술, 그리고 그 이전의 입체파 그림은 아마 미술 역사상 감상자의 지각에 가장 급진적인 도전 과제라 할 것을 제기했다. 감상자에게 1차 처리 사고를 2차 처리 사고로 대체하라고 요구한 것이다. 1차 처리 사고는 무의식의 언어로서, 서로 다른 대상과 생각 사이에 쉽게 연결을 형성하고 시간이나 공간을 전혀 필요로 하지 않는다. 2차 처리 사고는 의식적 자아의 언어로서, 논리적이며 시간과 공간의 좌표를 요구한다. 그 결과 추상화를 볼 때 우리의 정상적인 지각 습관은 변형된다. 우리가 미술 작품에서 기대하는 것도 달라진다. 구상화에서 보는 것과 다른 무엇을 보게 될 것이라고 예상한다.

이에 따라 시각미술은 더 이상 뇌의 시각 정보 상향 처리와 어깨를 나란히 하지 않는다. 입체파 그림처럼 추상미술도 미술평론가 카를 아인슈타인이 "시각의 게으름이나 피로"라고 부른 것을 종식시킨다. "보는 일은 다시금 능동적인 과정이 되어왔다."[8]

감상자가 미술에서 수동적인 참여자가 아니라 나름대로 창의적인 힘이라는 점을 이해한 에른스트 크리스와 에이브러햄 캐플런은 무의식적 정신 과정들이 창의성에 중요한 기여를 한다는 생각을 처음 제시했다.[9] 창의성은 의식적 자아와 무의식적 자아 사이의 장벽을 제거해 비교적 자유롭게, 하지만 통제된 방식으로 양쪽이 의사소통을 할수 있도록 한다. 그는 무의식적 사고에 대한 이 통제된 접근을 "자아를 위한 회귀"라고 했다. 감상자가 미술 작품을 볼 때 창의적인 경험을 하므로, 화가뿐 아니라 감상자도 무의식과의 이 통제된 의사소통을 경험한다.

창의성과 뇌의 기본 망

우리 상상에 호소하는 추상화는 뇌에 하향 처리 메커니즘을 작동시키라고 요구한다. 반면 우리에게 호소력을 지닌 구상화는 뇌에 기본 값으로 설정된 망network을 작동할 것을 요청한다. 이 기본 망은 2001년 마커스 라이클이 발견했는데,[10] 주로 세 곳의 뇌 영역으로 이루어진다. 기억에 관여하는 안쪽관자엽, 감각 정보를 평가하는 일을 하는 뒤띠이랑posterior cingulate cortex, '마음의 이론'과 관련 있는 안쪽이마앞엽이다('마음의 이론'이란 다른 사람의 마음, 즉 타인의 열망·목표와 자신의 마음을 구별하는 것을 말한다).

기본 망은 우리가 쉬고 있을 때 활성을 띠지만, 우리가 세계와 대처하고 있을 때는 억제된다. 예를 들어 우리가 공상을 하거나 기억을 떠올리거나 음악을 들을 때에는 그 망이 작동한다. 기본 망은 모든 특정한 과제로부터 독립된 성찰과 관련이 있기 때문에, 크리스 같은 자아심리학자들이 전의식적preconscious 정신 과정이라고 부르는 것을 포함하는 듯하다. 이 과정들은 의식적 사고와 무의식적 사고 사이에 개입하며, 의식에 접근은 하지만 의식 바로 곁에 있지는 않다. 더 최근에는 기본 망이 전의식적 사고에 깊이 의존한다고 여겨지는 활동, 즉 자극과 무관하게 일어나는 생각이나 정신 활동과도 관련이 있음이 드러났다.

최근 연구들은 기본 망이 미술에서 고도로 미적인 경험을 할 때 가장 활성을 띤다는 것을 시사한다. 에드워드 베셀, 나바 루빈, 가브리엘라 스타는 미술 작품 평가의 개인별 차이를 살펴본 행동 분석과 뇌기능 영상을 결합함으로써 이 결과를 얻었다. 그들은 실험 자원자들에게 뇌 영상 장치 안에서 그림 네 점을 보고서 1점(가장 매력이 덜한 것)에서 4점(가장 매혹적인 것)까지 점수를 매겨달라고 했다. 그들이 평가를 하는 동안 뇌의 여러 영역들의 활성을 기록했다. 연구진은 기본 망이 가장 강렬한 반응을 일으켰을 때, 즉 4점을 줄 때만 활성을 일으킨다는 것을 발견했다. 1, 2, 3점을 주었을 때는 결코 반응하지 않았다.

기본 망의 활성은 본래 우리의 자아감과 관련이 있다. 따라서 이

망이 미술 작품에 반응하여 활성을 띤다는 것은 그림의 지각이 자아와 관련 있는 정신 과정들과 상호작용한다는 것을 시사한다. 그 정신 과정들에 영향을 미칠 수 있고 더 나아가 그것들에 통합된다는 의미일 수도 있다.[11] 이 관점은 개인의 미술 취향이 자신의 정체성 감각과 관련이 있다는 개념에 들어맞는다.

어느 정도의 거리를 둔다

추상미술의 하향 처리에 동원되는 인지 논리는 미술 지각에 독특한 것이 아니라, 다른 맥락들에서도 쓰이는 더 일반적인 논리를 대변할 수도 있다. 이 논리의 일반 형태는 해석 수준 이론construal-level theory에서 확연히 드러난다. 해석 수준 이론이란 추상적 사고 과정을 구상적 사고 과정과 대비시키면서, 어떤 대상이 심리적으로 거리가 멀게 느껴지고 우리에게 영향을 덜 미친다고 여겨질수록 그것을 더 추상적으로 생각한다는 심리학 개념이다.[12] 해석 수준 이론은 사고 양식이 유연하며 환경에 따라서, 특히 심리적 거리의 차이에 따라서 수정될 수 있다고 주장한다. 경험 연구들도 그렇다고 말한다. 지금 당장 여기에서 경험하는 사람과 사물의 이미지처럼 심리적으로 가까운 것들은 우리에게 구체적인 것으로 보이는 반면, 지금 여기에 없는 것들은 더 거리가 멀게 느껴진다. 거리가 먼 것들은 사실상 우리의 창의성을 증가시킨다. 하향 처리 때 일어나는 일이 바로 그것이다.

따라서 아름다움은 보는 이의 눈에만 있는 것이 아니라, 뇌의 전의식적 창작 과정 속에도 있다. 추상미술이 일부 감상자에게 주는 심오한 영적인 느낌이 어느 정도는 그 기본 망의 활성화에서 나오는 것인지 알아보는 일도 흥미로울 것이다. 그리고 해석 수준 이론에 따르면, 지금 당장 여기가 아니라 상당한 거리를 느껴야만 그 활성화가 이루어질 것이다.

뉴욕의 미술평론가 낸시 프린슨솔은 추상미술을 다음과 같이 묘사한다.

> 추상화한다는 것은 물질세계로부터 어느 정도 거리를 둔다는 것이다. 그것은 일종의 국소적 고양인 동시에 때로는 방향 상실, 심지어 혼란이기도 하다. 가장 강력한 형태의 미술은 그런 상태를 유도할 수 있고, 사실적인 내용이 없는 예술이 아마도 가장 그러할 것이다.[13]

| 두 문화로의 회귀 |

진화생물학자 윌슨은 스노가 말한 두 문화, 즉 과학과 인문학 사이의 연결이 일련의 대화를 통해 가능하지 않을까 생각한다. 과거에 물리학과 화학 사이의 연결이, 또 물리학-화학과 생물학 사이의 연결이 그랬었던 것처럼 말이다.[1]

1930년대에 라이너스 폴링은 양자역학의 물리적 원리들이 화학 반응 때 원자들이 어떻게 행동하는지를 설명한다는 것을 보여주었다. 어느 정도는 폴링의 연구에 자극을 받아서, 화학과 생물학은 1953년 제임스 왓슨과 프랜시스 크릭이 DNA의 분자 구조를 발견하면서 수렴되기 시작했다. 이 구조로 무장함으로써 분자생물학은 그 전까지 생화학, 유전학, 면역학, 발생학, 세포학, 암생물학, 더 최근의 분자신경생물학으로 분리되어 있던 분야들을 탁월한 방식으로 통합했다. 이 통일은 다른 과학 분야들에 선례가 되었고, 뇌과학과 미술에도 선례가 될 수 있다.

윌슨은 갈등과 해소의 과정을 통해 지식이 습득되고 과학이 발전한다고 주장한다. 모든 부모父母 분야마다 더 근본적인 분야, 즉 그 방법과 주장에 도전하는 반분야antidiscipline가 있다.[2] 대개 부모 분야는 범위가 크고 내용이 더 심오하며, 결국에는 반분야를 통합하고 반분야로부터 혜택을 본다. 미술과 뇌과학에서 볼 수 있듯이, 이 관계들은 진화하고 있다. 미술과 미술사는 부모 분야이며, 뇌과학은 그 반분야다.

대화는 새로운 마음의 과학과 미술의 지각처럼 연구 분야들이 자연스럽게 연합될 때, 그리고 대화의 목표가 참여하는 모든 분야들에 한정되어 있고 그 분야들 전체에 혜택을 줄 때, 성공할 가능성이 가장 높다. 그런 대화는 유럽의 유명 살롱의 현대판에 해당하는 곳, 즉 대학교의 학제간 연구 중심지에서 일어날지 모른다. 독일의 막스플랑크협회는 미술과학연구소를 새로 설립했으며, 미국에도 몇몇 대학교에 비슷한 연구 기관이 설립되었다. 미학과 새로운 마음의 과학 사이의 통합이 가까운 미래에 일어날 것 같지는 않다. 하지만 추상미술을 포함한 미술의 여러 측면에 관심을 가진 사람들, 지각과 감정의 과학이 지닌 여러 측면들에 관심을 보이는 사람들 사이에 새로운 대화가 시작되고 있다. 조만간 그 대화는 누적 효과를 발휘할지 모른다.

이 대화가 새로운 마음의 과학에 줄 수 있는 혜택은 명백하다. 이 새로운 과학의 열망 중 하나는 뇌의 생물학을 인문학과 연결하는 것이다. 그 목표 중 하나는 뇌가 미술 작품에 어떻게 반응하고, 우리가 무의식적·의식적 지각과 감정과 공감을 어떻게 처리하는지를 이해하는 것이다. 그런데 이 대화가 화가에게는 어떤 점에서 유용할까?

15, 16세기에 근대 실험과학이 시작된 이래로, 화가들은 과학에 관심을 가져왔다. 필리포 브루넬레스키와 마사초, 레오나르도 다빈치, 알브레히트 뒤러, 피터르 브뤼헐, 쇤베르크의 추상화, 리처드 세라와 데이미언 허스트의 작품이 대표적인 사례다. 다빈치가 인간 해부학 지식을 써서 더 압도적이면서 정확한 방식으로 인체를 묘사한 것처럼, 현대 화가들도 지각의 생물학, 그리고 감정과 공감 반응의 생물학에 대한 새로운 이해를 토대로 새로운 미술 형식을 비롯한 다른 창의성의 표현 방식들을 창안할 수도 있다.

사실 르네 마그리트를 비롯한 초현실주의 화가들뿐 아니라 잭슨 폴록과 빌럼 데 쿠닝을 포함하여, 마음의 비합리적인 작동에 흥미를 느낀 일부 화가들은 이미 그런 일을 시도해왔다. 그들은 자신의 마음 속에서 어떤 일이 일어나고 있는지를 성찰하는 방식에 기대어 그렇게 했다. 비록 성찰이 도움이 되고 필요하기는 하지만, 그것은 뇌의 작동 양상, 바깥 세계에 대한 지각 등 뇌의 활동을 상세히 이해하는 데에는 별 도움이 안 된다. 하지만 오늘날의 화가들은 마음의 몇몇 측면들이 어떻게 작동하는가에 대한 지식으로 전통적인 성찰을 보강할 수 있다.

1959년 스노가 두 문화에 관한 이야기를 처음 한 이래로, 우리는 과학과 미술(추상미술 포함)이 상호작용할 수 있고 서로를 풍성하게 할 수 있음을 발견해왔다. 각각은 인간 조건에 관한 본질적인 질문들에 나름의 관점을 제시하며, 환원주의를 그 수단으로 삼는다. 그리고 이제 새로운 마음의 과학이 지성사와 문화사에 새 장을 열 수 있는 뇌 과학과 미술 간의 대화를 바야흐로 촉발하려는 듯하다.

감사의 말

컬럼비아대학교 총장으로 취임할 무렵, 리 볼린저는 일련의 심포지움을 주관했고, 그중 하나가 '지각, 기억, 미술'에 관한 것이었다(2002. 10. 3.). 그 자리에서 나는 이 책에서 전개한 관점의 예비 형태를 '기억의 분자생물학을 향한 발걸음: 과학과 미술에서 일어난 급진적 환원주의의 유사성Steps Towards a Molecular Biology of Memory: A Parallel Between Radical Reductionism in Science and Art'이라는 제목으로 발표했다. 이 강연 내용을 좀 다듬은 것이 《뉴욕 과학 아카데미 연보》에 '과학과 미술에서 일어난 급진적 환원주의의 유사성'이라는 제목으로 실렸다(2003).

감상자의 몫은 전작 《통찰의 시대The Age of Insight》(2012)에서 구상미술의 맥락으로 논의한 바 있다. 특히 11~18장과 해당 참고문헌을 보라. 입체파 미술에 대한 감상자의 반응은 《입체파》(메트로폴리탄예술박물관, 2014)에 실린 〈감상자의 몫에 대한 입체파 화가의 도전The Cubist

Challenge to the Beholder's Share〉이라는 글에 실려 있다. 또 나를 포함해 제임스 슈워츠James H. Schwartz, 토머스 제셀Thomas M. Jessell, 스티븐 시걸바움Steven A. Siegelbaum, 허드스퍼스A. J. Hudspeth가 편찬한《신경과학의 원리Principles of Neural Science》(뉴욕: 맥그로힐, 2012) 5판에 실린 내용도 참고했다. 마지막으로, 참고문헌에 실린 많은 역사 자료와 현대 자료도 활용했다.

고맙게도 많은 동료들과 친구들이 비평과 조언을 해주었다. 특히 이 책의 두 초고를 읽고 사려 깊으면서 상세한 비평을 해준 컬럼비아대학교의 동료인 제셀, 재능 있는 미술사가인 에밀리 브라운Emily Braun과 페프 카멀, 시각신경과학자 토머스 올브라이트에게 큰 빚을 졌다. 토니 모브손Tony Movshon, 바비와 배리 콜러Bobbi and Barry Coller, 마크 처칠랜드Mark Churchland, 데니즈 캔델Denise Kandel, 마이클 셰이들런Michael Shadlen, 루 로즈Lou Rose에게도 감사한다. 해석 수준 이론에 관심을 갖도록 해준 동료 다프나 쇼하미Daphna Shohamy와 셀리아 더킨Celia Durkin에게도 감사한다. 이번에도 내 멋진 편집자인 블레어 번스 포터Blair Burns Potter에게도 큰 빚을 졌다. 앞서 두 권의 저서에서도 함께 일하면서 보였던 예리한 눈과 통찰력이 돋보이는 편집 능력을 이 책에서도 발휘했다. 또 오랜 동료이자 공동 연구자인 세라 맥Sarah Mack은 미술과 관련된 작업을 비롯해 본문 곳곳에서 도움을 주었다. 마지막으로, 이 원고의 여러 초고들을 인내심을 갖고 꼼꼼하게 입력해주고 모든 미술 작품의 인용 허가를 받느라고 고생한 폴린 헤닉Pauline Henick에게도 고맙다는 말을 전한다.

주

서문

1. Snow 1963; Brockman 1995. 해당 글에서 C. P. 스노는 구체적으로 문학 분야의 인문학 자들에게 초점을 맞추었다. 하지만 그 글은 일반적으로 모든 인문학자에게 적용되며, 더 폭넓게 해석되어왔다(Wilson 1977, Ramachandran 2011 참조).

2. 두 문화 사이에 다리를 놓으려 한 이전의 시도들에 대해서는 다음을 참조하라. E. O. Wilson 1977; Shlain 1993; Brockman 1995; Ramachandran 2011. 사실, 추상표현주의 라는 용어는 역사가 깊다. 1919년 독일 잡지《데어 슈투름Der Sturm》에 독일 표현주의 를 가리키는 용어로 처음 쓰였다. 1929년 뉴욕 현대미술관의 조대 관상인 앨프리드 바Alfred Barr가 그 용어를 바실리 칸딘스키의 작품에 적용했다. 미술평론가 로버트 코 츠Robert Coates는 1946년에 그 말을 뉴욕학파에 처음으로 썼다.

   C. P. 스노는 1959년의 리드 강연 내용을 담은《두 문화와 과학혁명The Two cultures and the Scientific Revolution》을 낸 뒤, 1963년에《두 문화: 재고찰The Two Cultures: A Second Look》이라는 속편을 냈다. 내가 여기서 강조하고 있는 개념인, 둘을 매개할 제3의 문 화가 있을 수 있다는 착상이 이 속편에 담겨 있다. 제3의 문화라는 개념은 존 브록 만John Brockman이《제3의 문화: 과학혁명을 넘어서The Third Culture: Beyond the Scientific Revolution》(1995)에서 상세히 다루었다.

   구상화와 과학의 관계를 다룬 저서《통찰의 시대》(2012)에서, 나는 두 문화를 다음 과 같이 설명했다. "스노의 강연이 있은 뒤로 수십 년이 흐르면서 두 문화를 나누는 심 연은 좁아지기 시작했다. 그 변화에 기여한 요인들이 몇 가지 있다. 첫 번째는 스노가 1963년 펴낸《두 문화: 재고찰》의 재판에 실린 결론이었다. 거기에서 그는 자신의 강연 이 일으킨 반응을 폭넓게 논의하면서 과학자와 인문학자의 대화를 중개할 수 있는 제3 의 문화가 가능할 수 있다고 언급했다. '하지만 다행히도 우리는 예술과 과학의 상상의 경험에 무지하지 않고, 응용과학의 능력에도, 동료 인간 대다수의 치료 가능한 고통에도, 한때 자신들이 간파했던 부정할 수 없는 책임에도 무지하지 않도록 더 많은 대중이 더 나은 마음을 갖게끔 교육시킬 수 있다.'"

30년 뒤 브록만은《제3의 문화》에서 스노의 개념을 더 발전시켰다. 브록만은 양쪽을 연결하는 가장 효과적인 방법이, 과학자들을 격려하여 교양 독자가 쉽게 이해할 수 있는 언어로 일반 대중을 위한 글을 쓰도록 하는 것이라고 주장했다. 이 노력은 현재 인쇄물, 라디오와 텔레비전, 인터넷, 기타 매체를 통해 이루어지고 있다. 좋은 과학은 그것을 창조한 과학자 자신들의 힘으로 일반 대중에게 성공적으로 전달되고 있다(Kandel 2013, 502). 생물학에서의 환원주의 논의는 다음 책을 참조하라. Crick, Francis. 1966. *Of Molecules and Men*. Seattle: University of Washington Press; Squire, L. and E. R. Kandel. 2008. *Memory: From Mind to Molecules*. 2nd ed. Englewood, Colo.: Roberts and Co.

1장

1. 뉴욕학파, 그리고 파리에서 뉴욕으로 미술의 중심이 이동한 이야기는 다음 문헌을 참조하라. Greenberg, C. 1955. "American Type Painting." *Partisan Review* 22: 179~196. Reprinted in *Art and Culture*(Boston: Beacon, 1961, 208~229); Rosenberg, Harold. 1952. "The American Action Painters." *Art News*(December); Schapiro, M. 1994. *Theory and Philosophy of Art: Style, Artist, and Society*. New York: George Braziller.

2. Spies 2011, 6:360.

3. Lipsey 1988, 298.

4. Danto 2001.

5. Greenberg 1961.

2장

1. Riegl 2000; Kris and Kaplan 1952; Gombrich 1982; Gombrich and Kris 1938, 1940; see also Kandel 2012.

2. Frith 2007.

3. Berkeley 1709.

4. Purves and Lotto 2010; Kandel 2012; Albright 2013.

5. Gombrich 1960.

6. Adelson 1993 참조.

7. Adelson 1993; Purves 2010.

8. Solso 2003.

9. Kandel 2012.

10. Gilbert 2013; Albright 2013.

11. Frith 2007.

3장

1. Albright 2015.

2. Zeki 1998.

3. Albright 2013; Gilbert 2013b.

4. Treisman 1986.

5. Treisman 1986; Wurtz and Kandel 2000.

6. Sacks 1985.

7. Tsao et al. 2008; Freiwald et al. 2009; Freiwald and Tsao 2010.

8. Sinha 2002.

9. Ohayon et al. 2012.

10. Tsao et al. 2008.

11. Churchland and Sejnowski 1988.

12. Lacey and Sathian 2012.

13. Sathian et al. 2011.

14. Hiramatsu et al. 2011.

15. Hiramatsu et al. 2011.

16. Sathian et al. 2011.

4장

1. Schrödinger 1944.

2. Cajal 1894.

3. Kandel 2001.

4. Berggruen 2003.

5. Kandel 2001; Squire and Kandel 2000.

6. Kandel 2001.

7. Kandel 2001, 2006.

8. Castellucci et al. 1978; Hawkins et al. 1983.

9. Carew et al. 1981, 1983.

10. Bailey and Chen 1983; Kandel 2001.

11. Squire and Kandel 2000; Kandel 2001.

12. Merzenich et al. 1988.

13. Ungerleider et al. 2002.

14. Elbert et al. 1995.

5장

1. Rewald 1973.

2. Braun and Rabinow 2014.

3. Kallir 1984; Kandel 2012.

6장

1. Blotkamp 1944.

2. Loran 2006; Kandel 2014.

3. Zeki 1999, *Inner Vision* 113.

4. 개인적인 대화, 2012.

5. Gilbert 2013a.

6. Mondrian 1914.

7장

1. Greenberg 1961, 1962.

2. Rosenblum 1961.

3. Stevens & Swan 2004.

4. Gray 1984; Stevens and Swan 2005.

5. Spies 2011, 8:68.

6. Anderson 2012.

7. Solomon 1994.

8. Zilczer 2014.

9. Zilczer 2014.

10. Danto 2001.

11. Berenson 1909.

12. Hinojosa 2009.

13. Spies 2010.

14. Galenson 2009.

15. Shlain 1993.

16. Rosenberg 1952.

17. Karmel 2002.

18. Greenberg 1948.

19. Varnedoe 1999, 245.

20. Da Vinci 1923.

21. Kahneman and Tversky 1979; Tversky and Kahneman 1992.

22. Potter 1985.

8장

1. Albright 2015.

2. James 1890.

3. Albright 2015.

4. Albright 2015; Gilbert 2013b.

5. Mechelli et al. 2004; Fairhall and Ishai 2007.

6. Mechelli et al. 2004.

7. James 1890.

8. Tovee et al. 1996.

9. Albright 2012.

10. Albright 2012.

9장

1. Spies 2011, 8:89.

2. Ross 1991.

3. Breslin 1993.

4. Barnes 1989.

5. Cohen-Solal 2015.

6. Spies 2011, 8:85.

7. Cohen-Solal 2015, 190.

8. Upright 1985.

9. Greenberg 1955, 1962 참조.

10. Lipsey 1988, 324.

11. Upright 1985; Pierce 2002.

12. Newman 1948.

10장

1. Livingstone and Hubel 1988.

2. Lafer-Sousa and Conway 2013.

3. Lafer-Sousa and Conway 2013.

4. Lafer-Sousa and Conway 2013; Tanaka et al. 1991; Kemp et al. 1996.

5. Freese and Amaral 2005; Pessoa 2010.

6. Gore et al. 2015.

7. Lafer-Sousa and Conway 2013.

8. Meulders 2012.

9. Macknik and Martinez-Conde 2015.

10. Witzel 2015.

11. Hughes 2015.

11장

1. Danto 2001.

2. Tomkins 2003.

3. http://jamesturrell.com/about/introduction/

12장

1. Fortune et al. 2014.

2. 이 화가들을 상세히 논의한 문헌, Fortune et al. 2014 참조.

3. Halperin 2012.

4. Strand 1984.

5. Spies 2011.

6. Warhol and Hackett 1980.

7. Fortune et al. 2014.

13장

1. 개인적인 대화.

2. Hume 1910.

3. Jack Flam 2014.

4. Kawabata and Zeki 2004.

5. Aviv 2014.

6. Bhattacharya and Petsche 2002 참조.

7. Taylor et al. 2011.

8. Einstein 1926; Haxthausen 2011에서 인용.

9. Kris and Kaplan 1952.

10. Raichle et al. 2001.

11. Vessel et al. 2012; Starr 2014.

12. Trope and Liberman 2010.

13. Princenthal 2015.

14장

1. Wilson 1977.

2. Wilson 1977; Kandel 1979.

참고문헌

Adelson, E. H. 1993. "Perceptual Organization and the Judgment of Brightness." *Science* 262: 2042–2043.

Albright, T. 2012. "TNS: Perception and the Beholder's Share." Discussion with Roger Bingham. e Science Network. http://thesciencenetwork.org/.

———. 2012. "On the Perception of Probable Things: Neural Substrate of Associative Memory, Imagery, and Perception." *Neuron* 74: 227–245.

———. 2013. "High–Level Visual Processing: Cognitive Influences." In *Principles of Neural Science* 621–653. New York: McGraw–Hill.

———. 2015. "Perceiving." *Daedalus* 144 (1) (winter 2015): 22–41.

Antliff, M., and P. Leighten. 2001. "Philosophies of Space and Time." In *Cubism and Culture*, 64–110. New York: Thames & Hudson.

Ashton, D. 1983. *About Rothko*. New York: Oxford University Press.

Aviv, V. 2014. "What Does the Brain Tell Us About Abstract Art?" *Frontiers in Human Neuroscience* 8: 85.

Bailey, C. H., and M. C. Chen. 1983. "Morphological Basis of Long–Term Habituation and Sensitization in Aplysia." *Science* 220: 91–93.

Barnes, S. 1989. *The Rothko Chapel: An Act of Faith*. Houston: Menil Foundation.

Bartsch, D., M. Ghirardi, P. A. Skehel, K. A. Karl, S. P. Herder, M. Chen, C. H. Bailey, and E. R. Kandel. 1995. "Aplysia CREB2 Represses Long–Term Facilitation: Relief of Repression Converts Transient Facilitation Into Long–Term Functional and Structural Change." *Cell* 83: 979–992.

Bartsch, D., A. Casadio, K. A. Karl, P. Serodio, and E. R. Kandel. 1998. "CREB1 Encodes a Nuclear Activator, a Repressor, and a Cytoplasmic Modulator That Form a Regulatory Unit Critical for Long-Term Facilitation." *Cell* 95: 221-223.

Baxandall, M. 1910. "Fixation and Distraction: The Nail in Braque's Violin and Pitcher." In *Sight and Insight*, 399-415. London: Phaidon Press.

Berenson, B. 2009. "The Florentine Painters of the Renaissance: With an Index to Their Works." 1909; reprint, Ithaca, N.Y.: Cornell University Library.

Berger, J. 1993. *The Success and Failure of Picasso*. 1965; reprint, New York: Vintage International.

Berggruen, O. 2003. "Resonance and Depth in Matisse's Paper Cut-Outs." In *Henri Matisse: Drawing with Scissors —Masterpieces from the Late Years*, ed. O. Berggruen and M. Hollein, 103-127. Munich: Prestel.

Berkeley, G. 1975. "An Essay Towards a New Theory of Vision." In *Philosophical Works, Including the Works on Vision*. New York: Rowman and Little-field. Originally published in *George Berkeley, An Essay Towards a New Theory of Vision* (Dublin: M Rhames for R Gunne, 1709).

Bhattacharya, J., and Petsche, H. 2002. "Shadows of Artistry: Cortical Synchrony During Perception and Imagery of Visual Art." *Cognitive Brain Research* 13: 179-186.

Blotkamp, C. 2004. *Mondrian: The Art of Deconstruction*. 1944; reprint, London: Reaktion Books.

Bodamer, J. 1947. "Die Prosop-Agnosie." *Archiv für Psychiatrie und Nervenkrankheiten* 179: 6-53.

Braun, E., and R. Rabinow. 2014. *Cubism: The Leonard A. Lauder Collection*. New York: Metropolitan Museum of Art.

Brenson, M. 1989. "Picasso and Braque, Brothers in Cubism." *New York Times*, September 22, 1989.

Breslin, J.E.B. 1993. *Mark Rothko: A Biography*. Chicago: University of Chicago Press.

Brockman, J. 1995. *The Third Culture: Beyond the Scientific Revolution*. New York: Simon and Schuster.

Buckner, R. L., and D.C. Carrol. 2007. "Self Projection and the Brain." *Trends in Cognitive Science* 11 (2): 49-57.

Cajal, S. R. 1894. "The Croonian Lecture: La fine structure des centres nerveux." *Proceedings of the Royal Society of London* 55: 444-468.

Carew, T. J., R. D. Hawkins, and E. R. Kandel. 1983. "Differential Classical Conditioning of a Defensive Withdrawal Reflex in Aplysia californica." *Science* 219: 397-400.

Carew, T. J., E. T. Walters, and E. R. Kandel. 1981. "Classical Conditioning in a Simple Withdrawal Reflex in Aplysia californica." *Journal of Neuroscience* I: 1426-1437.

Castellucci, V. E, T. J. Carew, and E. R. Kandel. 1978. "Cellular Analysis of Long-Term Habituation of the Gill-Withdrawal Reflex in Aplysia californica." *Science* 202: 1306-1308.

Chace, M. R. 2010. *Picasso in the Metropolitan Museum of Art*. New York: Metropolitan Museum of Art.

Churchland, P., and T. J. Sejnowski. 1988. "Perspectives on Cognitive Neuroscience." *Science* 242: 741-745,

Cohen-Solal, A. 2015. *Mark Rothko: Toward the Light in the Chapel*. New Haven and London: Yale University Press.

Da Vinci, L. 1923. *Note-Books Arranged and Rendered Into English*. Ed. R. John and J. Don Read. New York: Empire State Book Co.

Danto, A. C. 2003. *The Abuse of Beauty: Aesthetics and the Concept of Art*. Chicago and LaSalle: Open Court.

_____. 2001. "Clement Greenberg." In *The Madonna of the Future*, 66-67. Berkeley: University of California Press.

_____. 2001. "Willem de Kooning." In *The Madonna of the Future*, 101. Berkeley: University of California Press.

Dash, P. K., B. Hochner, and E. R. Kandel. 1990. "Injection of cAMP-Responsive Element Into the Nucleus of Aplysia Sensory Neurons Blocks Long-Term Facilitation." *Nature* 345: 718-721.

DiCarlo, J. J., D. Zoccolan, and N. C. Rust. 2012. "How Does the Brain Solve Visual Object Recognition." *Neuron* 73: 415-434.

Einstein, C. 1926. *Die Kunst Des 20 Jahrhunderts*. Berlin: Propylaen Verlagn.

Elbert, T., C. Pantev, C. Wienbruch, B. Rockstroh, and E. Taub. 1995. "Increased Cortical Representation of the Fingers of the Left Hand in String Players." *Science* 270: 305-307.

Fairhall, S. L., and A. Ishai. 2007. "Neural Correlates of Object Indeterminacy in Art Compositions." *Consciousness and Cognition* 17: 923-932.

Flam, J. 2014. "The Birth of Cubism: Braque's Early Landscapes and the 1908 Galerie Kahnweiler Exhibition." In *Cubism: The Leonard A. Lauder Collection*. New York: Metropolitan Museum of Art.

Fortune, B. B., W. W. Reaves, and D. C. Ward. 2014. *Face Value: Portraiture in the Age of Abstraction*. Washington, D.C.: Giles in Association with National Portrait Gallery, Smithsonian Institute.

Freedberg, D. 1989. *The Power of Images: Studies in the History and Theory of Response*. Chicago and London: University of Chicago Press.

Freeman, J., C. M. Ziemba, D. J. Heeger, E. P. Simoncelli, and J. A. Movshon. 2013. "A Functional and Perceptual Signature of the Second Visual Area in Primates." *Nature Reviews*

Neuroscience 16 (7): 974-981.

Freese, J. L., and D. G. Amaral. 2005. "The Organization of Projections from the Amygdala to Visual Cortical Areas TE and V1 in the Macaque Monkey." *Journal of Comparative Neurology* 486 (4): 295-317.

Freud, S. 1911. "Formulation of the Two Principles of Mental Functioning." Standard Edition, Vol. 12: 215-226. London: Hogarth Press, 1958.

———. 1953. "The Interpretation of Dreams." In *The Standard Edition of the Complete Psychological Works of Sigmund Freud*, ed. and trans. James Strachey, vols. IV and V. London: The Hogarth Press and the Institute for Psychoanalysis.

Freiwald, W. A. and D. Y. Tsao. 2010. "Functional Compartmentalization and Viewpoint Generalization Within the Macaque Face-Processing System." *Science* 330: 845-851.

Freiwald, W. A., D. Y. Tsao, and M. S. Livingstone. 2009. "A Face Feature Space in the Macaque Temporal Lobe." *Nature Neuroscience* 12: 1187-1196.

Frith, C. 2007. *Making Up the Mind: How the Brain Creates Our Mental World*. Oxford: Blackwell.

Galenson, D. W. 2009. *Conceptual Revolutions in Twentieth-Century Art*. Cambridge University Press.

Gilbert, C. 2013a. "Intermediate-level Visual Processing and Visual Primitives." In *Principles of Neural Science*, 5th ed., ed. E. R. Kandel et al., 602-620. New York: Random House.

———. 2013b. "Top-down Influences on Visual Processing." *Nature Reviews Neuroscience* 14: 350-363.

Gombrich, E. H. 1960. *Art and illusion: A Study in the Psychology of Pictorial Representation Summary*. London: Phaidon.

———. 1982. *The Image and the Eye: Further Studies in the Psychology of Pictorial Representation*. London: Phaidon.

———. 1984. "Reminiscences on Collaboration with Ernst Kris (1900-1957)." In *Tributes: Interpreters of Our Cultural Tradition*. Ithaca, N.Y.: Cornell University Press.

Gombrich, E. H., and E. Kris. 1938. "The Principles of Caricature." *British Journal of Medical Psychology* 17 (3-4): 319-342.

———. 1940. *Caricature*. Harmondsworth: Penguin.

Gopnik, A. 1983. "High and Low: Caricature, Primitivism, and the Cubist Portrait." *Art Journal* 43 (4) (winter): 371-376.

Gore, F, E. C. Schwartz, B. C. Brangers, S. Aladi, J. M. Stujenske, E. Likhtik, M. J. Russo, J. A. Gordon, C. D. Salzman, and R. Axel. 2015. "Neural Representations of Unconditioned Stimuli in Basolateral Amygdala Mediate Innate and Learned Responses." *Cell* 162: 134-145.

Gray, D. 1984. "Willem de Kooning, What Do His Paintings Mean?" (thoughts based on the artist's paintings and sculpture at his Whitney Museum exhibition, December 15, 1983 — February 26, 1984). http://jessieevans-dongrayart.com/essays/essay037.html.

Greenberg, C. 1948. *The Crisis of the Easel Picture*. New York: Pratt Institute.

_____. 1955. "American-Type Painting." *Partisan Review* 22: 179-196. Reprinted in *Art and Culture: Critical Essays*, 208-229 (Boston: Beacon, 1961).

_____. 1961. *Art and Culture: Critical Essays*. Boston: Beacon, 1961.

_____. 1962. "After Abstract Expressionism." *Art International* 6: 24-32.

Gregory, R. L. 1997. *Eye and Brain*. Princeton: Princeton University Press.

Gregory, R. L., and E. H. Gombrich. 1973. *Illusion in Nature and Art*. New York: Scribners.

Grill-Spector, K., and K. S. Weiner. 2014. "The Functional Architecture of the Ventral Temporal Cortex and Its Role in Categorization." *Nature Reviews Neuroscience* 15: 536-548.

Grover, K. 2014. "From the Infinite to the Infinitesimal: The Late Turner: Painting Set Free." *Times Literary Supplement*, October 10, 17.

Gwang-woo, K. 2014. "The Abstract of Kandinsky and Mondrian." *Beyond* 99 (December): 40-44.

Halperin, J. 2012. "Alex Katz Suggests Andy Warhol May Have Ripped Him Off a Little Bit." Blouin Art Info Blogs, April 26. http://blogs.artinfo.com/ artintheair/2012/04/26/alex-katz-suggests-andy-warhol-may-have-ripped- him-off-a-little-bit/.

Hawkins, R. D., T. W. Abrams, T. J. Carew, and E. R. Kandel. 1983. "A Cellular Mechanism of Classical Conditioning in Aplysia: Activity-Dependent Amplification of Presynaptic Facilitation." *Science* 219: 400-405.

Haxthausen, C. V. 2011. "Carl Einstein, David-Henry Kahnweiler, Cubism and the Visual Brain." NONSite.org, Issue 2. https://nonsite.org/article/carl-einstein-daniel-henry-kahnweiler-cubism-and-the-visual-brain

Henderson, L. D. 1988. "X Rays and the Quest for Invisible Reality in the Art of Kupka, Duchamp, and the Cubists." *Art Journal* 47 (44) (sinter 1988): 323-340.

Hinojosa, Lynne J. Walhout. 2009. The Renaissance, *English Cultural Nationalism, and Modernism, 1860-1920*. New York: Palgrave Macmillan.

Hiramatsu, C., N. Goda, and H. Komatsu. 2011. "Transformation from Image-Based to Perceptual Representation of Materials Along the Human Ventral Visual Pathway. *NeuroImage* 57: 482-494.

Hughes, V. "Why Are People Seeing Different Colors In That Damn Dress?" BuzzFeed News, February 26, 2015. https://www.buzzfeednews.com/article/virginiahughes/why-are-people-seeing-different-colors-in-that-damn-dress.

Hume, D. 1910. "An Enquiry Concerning Human Understanding." Harvard Classics Volume 37. Dayton, Ohio: P. F. Collier & Son. http://18th.eserver.org/hume-enquiry.html.

James, W. 1890. *The Principles of Psychology*. New York: Holt.

Kahneman, D., and A. Tversky. 1979. "Prospect Theory: An Analysis of Decision Under Risk." *Econometric Society* 47 (2): 263-292.

Kallir, J. 1984. *Arnold Schoenberg's Vienna*. New York: Galerie St. Etienne/Rizzoli.

Kandel, E. R. 1979. "Psychotherapy and the Single Synapse: The Impact of Psychiatric Thought on Neurobiologic Research." *New England Journal of Medicine* 301: 1028-1037.

_____. 2001. "The Molecular Biology of Memory Storage: A Dialogue Between Genes and Synapses." *Science* 294: 1030-1038.

_____. 2006. *In Search of Memory: The Emergence of a New Science of Mind*. New York: Norton.

_____. 2012. *The Age of Insight: The Quest to Understand the Unconscious in Art, Mind, and Brain from Vienna 1900 to the Present*. New York: Random House.

_____. 2014. "The Cubist Challenge to the Beholder's Share." In *Cubism: The Leonard A. Lauder Collection*, ed. Emily Braun and Rebecca Rabinow. New York: Metropolitan Museum of Art.

Kandel, E. R. and S. Mack. 2003. "A Parallel Between Radical Reductionism in Science and Art." Reprinted from *The Self: From Soul to Brain*. *Annals of the New York Academy of Science* 1001: 272-294.

Kandinsky, W. 1926. *Point and Line to Plane*. New York: The Solomon R. Guggenheim Foundation.

Kandinsky, W., M. Sadleir, and F. Golffing. 1947. *Concerning the Spiritual in Art, and Painting in Particular*. 1912; reprint, New York: Wittenborn, Schultz.

Karmel, P. 1999. *Jackson Pollock: Interviews, Articles, and Reviews*. New York: Museum of Modern Art.

_____. 2002. *Jackson Pollock: Interviews, Articles, and Reviews*. Excerpt, "My Painting," *Possibilities* (New York) I (Winter 1947-48): 78-83. Copyright The Pollock-Krasner Foundation, Inc.

Karmel, P., and K. Varnedoe. 2000. Jackson Pollock: New Approaches. New York: Abrams.

Kawabata, H., and S. Zeki. 2004. "Neural Correlates of Beauty." *Journal of Neurophysiology* 91: 1699-1705.

Kemp, R., G. Pike, P. White, and A. Musselman. 1996. "Perception and Recognition of Normal and Negative Faces: The Role of Shape from Shading and Pigmentation Cues." *Perception* 25: 37-52.

Kemp, W. 2000. Introduction to *The Group Portraiture of Holland*, by Alois Riegl. Trans. E.

M. Kain and D. Britt. 1902; reprint, Los Angeles: Getty Center for the History of Art and Humanities.

Kobatake, E., and K. Tanaka. 1994. "Neuronal Selectivities to Complex Object Features in the Ventral Visual Pathway of the Macaque Cerebral Cortex." *Journal of Neurophysiology* 71: 856-867.

Kris, E., and A. Kaplan. 1952. "Aesthetic Ambiguity." In *Psychoanalytic Explorations in Art*, ed. E. Kris, 243-264. 1948; reprint, New York: International Universities Press.

Lacey, S., and K. Sathian. 2012. "Representation of Object Form in Vision and Touch." In *The Neural Basis of Multisensory Processes*, ed. M. M. Murray and M. T. Wallace, chapter 10: Boca Raton, Fla.: CRC Press.

Lafer-Sousa, R., and B. R. Conway. 2013. "Parallel, Multi-Stage Processing of Colors, Faces and Shapes in the Macaque Inferior Temporal Cortex." *Nature Reviews Neuroscience* 16 (12): 1870-1878.

Lipsey, R. 1988. An Art of Our Own: The Spiritual in Twentieth-Century Art. Boston and Shaftesbury: Shambhala.

Livingstone, M. 2002. *Vision and Art: The Biology of Seeing*. New York: Abrams.

Livingstone, M., and D. Hubel. 1988. "Segregation of Form, Color, Movement, and Depth: Anatomy, Physiology, and Perception." *Science* 240 (4853) (May 6, 1988): 740-749.

Loran, E. 2006. *Cezanne's Composition: Analysis of His Form with Diagrams and Photographs of His Motifs*. Berkeley: University of California Press.

Macknik, S. L., and S. Martinez-Conde. 2015. "How 'The Dress' Became an Illusion Unlike Any Other." *Scientific American MIND* (July/August 2015): 19-21.

Marr, D. 1982. *Vision: A Computational Investigation Into the Human Representation and Processing of Visual Information*. San Francisco: W. H. Freeman.

Mayberg, H. S. 2014. "Neuroimaging and Psychiatry: The Long Road from Bench to Bedside." *The Hastings Center Report: Special Issue* 44 (S2): S31-S36.

Mechelli, A., C. J. Price, K. J. Friston, A. Ishai. 2004. "Where Bottom-up Meets Top-Down: Neuronal Interactions During Perception and Imagery." *Cerebral Cortex* 14: 1256-1265.

Merzenich, M. M., E. G. Recanzone, W. M. Jenkins, T. T. Allard, and R. J. Nudo. 1988. "Cortical Representational Plasticity." In *Neurobiology of Neocortex*, ed. P. Rakic and W. Singer, 41-67. New York: Wiley.

Meulders, M. 2012. *Helmholtz: From Enlightenment to Neuroscience*. Trans. Laurence Garey. Cambridge, Mass.: MIT Press.

Mileaf, J., C. Poggi, M. Witkovsky, J. Brodie, and S. Boxer. 2012. *Shock of the News*. London: Lund Humphries.

Miller, A. J. 2001. *Einstein, Picasso: Space, Time, and the Beauty That Causes Havoc*. New

York: Basic Books.

Miyashita, Y., M. Kameyam, I. Hasegawa, and T. Fukushima. 1998. "Consolidation of Visual Associative Long-Term Memory in the Temporal Cortex of Primates." *Neurobiology of Learning and Memory* 70: 197–211.

Mondrian, P. 1914. "Letter to Dutch Art Critic H. Bremmer." Mentalfloss.com article 66842.

Naifeh, S., and G. Smith. 1989. *Jackson Pollock: An American Saga.* New York: Clarkson N. Potter.

Newman, B. 1948. "The Sublime Is Now." *Tiger's Eye* 1 (6) (December): 51–53.

Ohayon, S., W. A. Freiwald, and D. Y. Tsao. 2012. "What Makes a Cell Face Selective? The Importance of Contrast." *Neuron* 74: 567–581.

Pessoa, L. 2010. "Emergent Processes in Cognitive–Emotional Interactions." *Dialogues in Clinical Neuroscience* 12 (4): 433–448.

Piaget, J. 1969. *The Mechanisms of Perception.* Trans. M. Cook. New York: Basic Books.

Pierce, R. 2002. *Morris Louis: The Life and Art of One of America's Greatest Twentieth-Century Abstract Artists.* Rockville, Md.: Robert Pierce Productions.

Potter, J. 1985. *To a Violent Grave: An Oral Biography of Jackson Pollock.* New York: Pushcart Press.

Princenthal, N. 2015. *Agnes Martin: Her Life and Art.* New York: Thames & Hudson.

Purves, D., and R. B. Lotto. 2010. *Why We See What We Do Redux: A Wholly Empirical Theory of Vision.* Sunderland, Mass.: Sinauer Associates.

Quinn, P. C., P. D. Eimas, and S. L. Rosenkrantz. 1993. "Evidence for Representations of Perceptually Similar Natural Categories by 3-Month-Old and 4-Month-Old Infants." *Perception* 22: 463–475.

Raichle, M. E., A. M. MacLeod, A. Z. Snyder, D. A. Gusnard, and G. L. Shulman. 2001. "A Default Mode of Brain Function." *Proceedings of the National Academy of Science* 98 (2): 676–682.

Ramachandran, V. S. 2011. *The Tell-Tale Brain: A Neuroscientist's Quest for What Makes Us Human.* New York: Norton.

Ramachandran, V. S., and W. Hirstein. 1999. "The Science of Art: A Neurological Theory of Aesthetic Experience." *Journal of Consciousness Studies* 6: 15–51.

Rewald, J. 1973. *The History of Impressionism.* 4th rev. ed. New Work: Museum of Modern Art.

Riegl, A. 2000. The Group Portraiture of Holland. Trans. E. M. Kain and D. Britt. 1902; reprint, Los Angeles: Getty Center for the History of Art and Humanities.

Rosenblum, Robert. 1961. "The Abstract Sublime." *ARTnews* 59 (10): 38–41, 56, 58.

Rosenberg, Harold. 1952. "The American Action Painters." *ARTnews* 51 (8) (December), 22.

Ross, C. 1991. *Abstract Expressionism: Creators and Critics: An Anthology*. New York: Abrams.

Rubin, W. 1989. *Picasso and Braque: Pioneering Cubism*. New York: Museum of Modern Art.

Sacks, O. 1985. *The Man Who Mistook His Wife for a Hat*. New York: Summit Books.

Sandback, E. 1982. *74 Front Street: The Fred Sandback Museum, Winchendon, Massachusetts*. New York: Dia Art Foundation.

———. 1991. *Fred Sandback: Sculpture*. Yale University Art Gallery, New Haven, Conn., in association with Contemporary Arts Museum, Houston, Texas, 1991. Texts by Suzanne Delehanty, Richard S. Field, Sasha M. Newman, and Phyllis Tuchman.

———. 1995. Introduction to *Long-Term View* (installation). Dia Beacon. http:// www.diaart. org/exhibitions/introduction/95.

———. 1997. Interview by Joan Simon. Bregenz: Kunstverein.

Sathian, K., S. Lacey, R. Stilla, G. O. Gibson, G. Deshpande, X. Hu, S. Laconte, and C. Gliclmi. 2011. "Dual Pathways for Haptic and Visual Perception of Spatial and Texture Information." *Neuroimage* 57: 462–475.

Schjeldahl, P. 2011. "Shifting Picture: A de Kooning Retrospective." *The New Yorker*, September 26.

Schrödinger, E. 1944. *What Is Life?* Cambridge: Cambridge University Press.

Shlain, L. 1993. *Art and Physics: Parallel Visions in Space, Time, and Light*. New York: HarperCollins.

Sinha, P. 2002. "Identifying Perceptually Significant Features for Recognizing Faces." *SPIE Proceedings Vol. 4662: Human Vision and Electronic Imaging VII*. San Jose, California.

Smart, A. 2014. "Why Are Monet's Water Lilies So Popular?" *The Telegraph*, October 18.

Smith, R. 2015. "Mondrian's Paintings and Their Pulsating Intricacy." *New York Times*, August 20, C23.

Snow, C. P. 1961. *Two Cultures and the Scientific Revolution: Rede Lecture 1959*. Cambridge: Cambridge University Press.

———. 1963. *The Two Cultures and a Second Look*. Cambridge: Cambridge University Press.

Solomon, D. 1994. "A Critic Turns 90: Meyer Schapiro." *New York Times Magazine*, August 14.

Solso, R. L. 2003. *The Psychology of Art and the Evolution of the Conscious Brain*. Cambridge, Mass.: MIT Press.

Spies, W. 2011. *The Eye and the World: Collected Writings on Art and Literature*. Vol. 6: Surrealism and Its Age. New York: Abrams.

———. 2011. *The Eye and the World: Collected Writings on Art and Literature*. Vol. 8: Between Action Painting and Pop Art. New York: Abrams.

———. 2011. *The Eye and the World: Collected Writings on Art and Literature*. Vol. 9: From

Pop Art to the Present. New York: Abrams.

Squire, L. and E. R. Kandel. 2000. *Memory: From Mind to Molecules*. New York: Scientific American Books.

Starr, G. 2014. "Neuroaesthetics: Art." In *The Oxford Encyclopedia of Aesthetics, Second Edition*, ed. Michael Kelly, 4: 487–491. New York: Oxford University Press.

Stevens, M., and A. Swan. 2005. *DSe Kooning: An American Master*. New York: Random House.

Strand, Mart. 1984. *Art of the Real: Nine Contemporary Figurative Painters*. New York: Clarkson N. Potter.

Tanaka, K., H. Saito, Y. Fukada, and M. Moriya. 1991. "Coding Visual Images of Objects in the Inferotemporal Cortex of the Macaque Monkey." *Journal of Neurophysiology* 66 (1): 170–189.

Taylor, R. P., B. Spchar, P. Van Donkelaar, and C. M. Hagerhall. 2011. "Perceptual and physiological responses to Jackson Pollock's Fractals." *Frontiers in Human Neuroscience* 5: 60.

Tomkins, C. 2003. "Flying Into the Light: How James Turrell Turned a Crater Into His Canvas." *The New Yorker* 78 (42) (January 13).

Tovee, M. J., E. T. Rolls, and V. S. Ramachandran. 1996. "Rapid Visual Learning in Neurons of the Primate Temporal Visual Cortex." *Neuroreport* 7: 2757–2760.

Treisman, A. 1986. "Features and Objects in Visual Processing." *Scientific American* 255 (5): 114–225.

Trope, Y., and N. Liberman. 2010. "Construal–Level Theory of Psychological Distance." *Psychological Review* 117 (2): 440–463.

Tsao, D. Y., N. Schweers, S. Moeller, and W. A. Freiwald. 2008, "Patches of Face–Selective Cortex in the Macaque Frontal Lobe." *Nature Reviews Neuroscience* 11: 877–879.

Tully, T., T. Preat, C. Boynton, and M. Delvecchio. 1994, "Genetic Dissection of Consolidated Memory in *Drosophila melanegaster*." *Cell* 79: 35–47.

Tversky, A., and D. Kahneman. 1992. "Advances in Prospect Theory: Cumulative Representation of Uncertainty." *Journal of Risk and Uncertainty* 5: 297–323.

Ungerleider, L. G., J. Doyon, and A. Karni. 2002. "Imaging Brain Plasticity During Motor Skill Learning." *Neurobiology of Learning and Memory* 78: 553–564.

Upright, D. 1985. *Morris Louis: The Complete Paintings*. New York: Abrams.

Varnedoe, K. 1999. "Open–ended Conclusions About Jackson Pollock." In *Jackson Pollock: New Approaches*, ed. Kirk Varnedoe and Pepe Karmel, 245. New York: The Museum of Modern Art.

Warhol, A. arid P. Hackett. 1980. *Popism: The Warhol Sixties*. New York: Harcourt Brace Jovanovich.

Watson, J. D. 1968. *The Double Helix: A Personal Account of the Discovery of the Structure of DNA*. New York: Atheneum.

Wilson, E. O. 1977. "Biology and the Social Sciences." *Daedalus* 2: 127–140.

Witzel, C. 2015. "The Dress: Why Do Different Observers See Extremely Different Colors in the Photo?" http://lpp.psycho.univ-paris5.fr/feel/?page_id=929.

Wurtz, R. H., and E. R. Kandel. 2000. "Perception of Motion, Depth and Form." In *Principles of Neural Science* IV. [[[City:]]] McGraw-Hill.

Vessel, E. A., G. G. Starr, and N. Rubin. 2012. "The Brain on Art: Intense Aesthetic Experience Activates the Default Mode Network." *Frontiers in Human Neuroscience* 6: 66.

Yin, J. C. P., J. S. Wallach, M. Delvecchio, E. L. Wilder, H. Zhuo, W. G. Quinn, and T. Tully. 1994. "Induction of a Dominant Negative CREB Transgene Specifically Blocks Long-Term Memory in *Drosophila*." *Cell* 79: 49–58.

Zeki, S. 1998. "Art and Brain." *Daedalus* 127: 71–105.

_____. 1999. *Inner Vision: An Exploration of Art and the Brain*. Oxford: Oxford University Press.

_____. 1999. "Art and the Brain." *Journal of Consciousness Studies* 6: 76–96.

Zilczer, J. 2014. *A Way of Living: The Art of Willem de Kooning*. New York: Phaidon Press.

찾아보기

지은이 **에릭 캔델** Eric R. Kandel

세계적인 뇌과학자, 저술가. 과학적 분석이 불가능하다고 여겨져 온 기억의 신경학적 메커니즘을 밝힌 공로로 2000년 노벨 생리의학상을 수상했다. 그의 연구 성과는 치매나 기억상실 등의 질환을 규명하고 치료할 수 있는 길을 열었다는 점에서 중요하게 손꼽힌다.

1929년 오스트리아 빈에서 장난감 가게 주인의 둘째 아들로 태어난 캔델은 아홉 살 때 나치가 빈을 점령하면서 유대인이라는 이유로 끔찍한 공포와 맞닥뜨린다. 이후 홀로코스트를 피해 가족과 함께 미국으로 망명한 뒤 하버드대학교에서 역사와 문학을 전공했다. 하지만 프로이트의 정신분석에 매료되어 뉴욕대학교 의대에 입학하게 되고, 나아가 인간 정신의 근원을 파헤치기 위해 과학자의 길로 들어선다.

현재 컬럼비아대학교 교수로 있으며, 하워드 휴스 의학연구소의 선임연구원, 모티머 B. 주커먼 마음·뇌·행동 연구소의 공동 소장을 맡고 있다. 지은 책으로 무의식의 세계를 과학, 예술, 인문학을 넘나들며 파헤치는《통찰의 시대The Age of Insight》와 신경과학 분야 최고의 교과서로 꼽히는《신경과학의 원리Principles of Neural Science》(공저) 등이 있다. 회고록《기억을 찾아서In Search of Memory》는 미국국립아카데미 '최고의 책'(2007)으로 선정되기도 했다. 컬럼비아대학교 사회의료학 교수인 아내 데니스와 함께 뉴욕에서 살고 있다.

옮긴이 **이한음**

서울대학교 생물학과를 졸업했으며, 과학소설《해부의 목적》으로 1996년〈경향신문〉신춘문예에 당선되었다. 리처드 도킨스, 에드워드 윌슨, 제임스 왓슨 등 저명한 과학자의 대표작을 다수 번역했다. 옮긴 책으로《통찰의 시대》《스케일》《알고리즘, 인생을 계산하다》《유전자의 내밀한 역사》《인간 본성에 대하여》《DNA: 유전자 혁명 이야기》등이 있다. 도킨스의《만들어진 신》으로 한국출판문화상 번역 부문을 수상했다.

어쩐지 미술에서 뇌과학이 보인다

1판 1쇄 펴냄 2019년 1월 1일
1판 6쇄 펴냄 2024년 3월 20일

지은이   에릭 캔델
옮긴이   이한음
펴낸이   성기승
편집   안민재
디자인   어떤(표지), 한향림(본문)
제작   세걸음

펴낸곳   프시케의 숲
출판등록   2017년 4월 5일 제406-2017-000043호
주소   경기 파주시 책향기로 371, 상가 204호
전화   070-7574-3736
팩스   0303-3444-3736
이메일   pfbooks@pfbooks.co.kr
SNS   @PsycheForest

ISBN   979-11-89336-03-5   93400

책값은 뒤표지에 있습니다.

이 도서의 국립중앙도서관 출판시도서목록CIP은
서지정보유통지원시스템 홈페이지 http://seoji.nl.go.kr와
국가자료공동목록시스템 http://www.nl.go.kr/kolisnet에서 이용하실 수 있습니다.
CIP제어번호: 2018037399